Die Kraftübertragung im Fahrzeug vom Motor bis zu den Rädern (Kennungswandler)
Handgeschaltete Getriebe

Hans Joachim Förster

Die Kraftübertragung im Fahrzeug vom Motor bis zu den Rädern

Handgeschaltete Getriebe

Verlag TÜV Rheinland GmbH, Köln

CIP-Kurztitelaufnahme der Deutschen Bibliothek

Förster, Hans Joachim:
Die Kraftübertragung im Fahrzeug vom Motor bis zu den Rädern: handgeschaltete Getriebe / Hans Joachim Förster. — Köln: Verlag TÜV Rheinland, 1987

(Fahrzeugtechnische Schriftenreihe)
ISBN 3-88585-163-6

ISBN 3-88585-163-6
© by Verlag TÜV Rheinland GmbH, Köln 1987
Gesamtherstellung: Verlag TÜV Rheinland GmbH, Köln
Printed in Germany 1987

Vorwort

Das vorliegende Buch, in das eine mehr als 40jährige Berufserfahrung ebenso eingeflossen ist, wie die Erfahrung aus einer 20jährigen Lehre als Privatdozent an der Technischen Universität Karlsruhe, befaßt sich mit der Kraftübertragung in Personen- und Nutzkraftwagen vom Motor bis zu den Antriebsrädern, beschränkt auf handgeschaltete Getriebe.
Die Kraftübertragung ist der Teil des Triebstrangs, der die Motorleistung in eine für den Fahrzeugantrieb geeignete Form wandelt und so das Bindeglied zwischen der Kraftmaschine „Verbrennungsmotor" und der Arbeitsmaschine „Fahrzeug" darstellt. Verbindende Glieder müssen immer die Belange beider Seiten gleichermaßen berücksichtigen. Daher liegt der Schwerpunkt dieses Buches auf der Vermittlung der Gedankengänge, die zu einer optimalen Konzeption der Kraftübertragung führen, während bei der endgültigen technischen Realisierung auf die ausgiebig vorhandene einschlägige Fachliteratur zurückgegriffen werden muß.
Wenn das Buch damit den Charakter eines ‚Kochbuchs' für den Getriebebau verliert, so gewinnt es an Allgemein- und Dauergültigkeit. Es wendet sich damit aber auch keinesfalls nur an Getriebebauer, sondern sollte allen Ingenieuren der Fahrzeugtechnik (und anderen Interessierten der großen Gemeinde der technisch versierten Autofahrer) das Verständnis für die Probleme der Kraftübertragung im Automobil wecken. Es will dabei die Einsicht vermitteln, daß die Kraftübertragung, die sowohl den Motor als auch das Fahrzeug beeinflußt, einen ganz wesentlichen Beitrag zur Optimierung der Transportfunktion des Kraftfahrzeugs, seiner Fahrleistung wie seines Energieverbrauchs leisten kann und leisten muß.
Der reichliche Bildteil von ausgeführten Konstruktionen, der nur wenig kommentiert wird, soll weniger zur Kopie als zu der Erkenntnis führen, daß die Entwicklung auch auf dem Gebiet der Kraftübertragung noch lange nicht zu Ende ist, und daß es offenbar für jede Aufgabe mehr als nur eine Lösung gibt. Damit sollte sich jeder Ingenieur herausgefordert fühlen, für sein Problem eine immer noch bessere Lösung zu finden.
Allen, die mich bei der Arbeit unterstützt und vor allem auch den Firmen, die bereitwillig Bildmaterial zur Verfügung gestellt haben, sei auch an dieser Stelle herzlich gedankt.

Inhaltsverzeichnis

Formelzeichen 10

1	**Triebstrang**	**17**
1.1	Merkmale transportabler Energie	17
1.2	Energiewandler	19
1.3	Fahrzeug	22
1.4	Zusammenarbeit Energiewandler/Fahrzeug	25
2	**Kraftübertragung**	**28**
2.1	Fahrgleichung	28
2.2	Aufgaben und Elemente der Kraftübertragung	30
3	**Drehzahlwandler**	**32**
3.1	Theorie der Drehzahlwandler	32
3.2	Ausführungsbeispiele von Drehzahlwandlern (Anfahrkupplung)	38
3.2.1	Reibungskupplung	38
3.2.2	Föttinger-Kupplung (Wandler)	48
4	**Drehmomentwandler (Getriebe)**	**52**
4.1	Grenzen der erforderlichen Wandlung	52
4.1.1	Größte Wandlung $(i/r)_{max}$	52
4.1.2	Größte Steigfähigkeit und Beschleunigung für typische Fahrzeugkonzeptionen	55
4.1.2.1	Fahrzeuge mit Allradantrieb	55
4.1.2.2	Fahrzeuge mit Einachsantrieb	56
4.1.2.3	Fahrzeuge mit Anhänger	59
4.1.3	Praktische Grenzen für die größte Wandlung $(i/r)_{max}$	60
4.1.4	Kleinste Wandlung $(i/r)_{min}$	61
4.1.4.1	Maximalgeschwindigkeit	61
4.1.5	Praktische Gesichtspunkte für die kleinste Wandlung	62
4.2	Wandlungsbereich	68
4.3	Tachoantrieb	72
5	**Handgeschaltete Stufengetriebe**	**73**
5.1	Anzahl der Gänge	76
5.1.1	Beispiele Pkw	78
5.1.2	Beispiele Lkw	79
5.1.3	Allgemeine Überlegungen	81
5.1.3.1	Fahrkennfeld	82
5.1.3.2	Fahrkennfeld Pkw	84

5.1.3.3	Fahrkennfeld Lkw	84
5.2	Getriebebauarten	85
5.2.1	Vorgelege-Getriebe	85
5.2.1.1	Eingruppen-Getriebe	86
5.2.1.2	Mehrgruppen-Getriebe	86
5.3	Der Planetensatz	89
5.4	Zur Dimensionierung von Fahrzeuggetrieben	92
5.4.1	Allgemeines	92
5.4.2	Verzahnung	94
5.4.3	Lager	100
5.4.4	Getriebeverluste	104
5.5	Schaltmittel	107
5.5.1	Rein formschlüssige Verbindungen	109
5.5.1.1	Schiebezahnräder	109
5.5.1.2	Klauenschaltung	109
5.5.2	Sperrsynchronisierung	111
5.5.2.1	Sperrsynchronisierung System ZF ‚B'	112
5.5.2.2	Doppelkonus-Synchronisierung, System Borg-Warner	115
5.5.2.3	Sperrsynchronisierung System Mercedes-Benz	116
5.5.2.4	Sperrsynchronisierung System Porsche	117
5.5.3	Schaltvorrichtungen	118
5.6	Schaltzeit bei Getrieben mit Sperrsynchronisierung	122
5.7	Der Einfluß der Zugkraftunterbrechung während der Schaltung auf die Fahrzeugbewegung	125
6	**Beispiele von Fahrzeuggetrieben**	**128**
6.1	Pkw-Getriebe	128
6.1.1	Pkw-Getriebe für Standardantrieb	128
6.1.1.1	Dreigang-Getriebe	128
6.1.1.2	Viergang-Getriebe	131
6.1.1.3	Fünfgang-Getriebe	133
6.1.2	Schalt- und Achsgetriebe kombiniert (Blockbauweise)	138
6.1.2.1	Viergang-Getriebe, Motor längs	138
6.1.2.2	Viergang-Getriebe, Motor quer	141
6.1.2.3	Fünfgang-Getriebe, Motor längs	146
6.1.2.4	Fünfgang-Getriebe, Motor quer	148
6.1.3	Pkw-Getriebe für Allradantrieb	151
6.2	Nkw-Getriebe	154
6.2.1	Eingruppen-Getriebe	154
6.2.1.1	Viergang-Getriebe	154
6.2.1.2	Fünfgang-Getriebe	156
6.2.1.3	Sechsgang- und Siebengang-Getriebe	158
6.2.2	Zweigruppen-Getriebe	163
6.2.2.1	Achtgang-Getriebe	164
6.2.2.2	Neungang- und Zehngang-Getriebe	166
6.2.3	Dreigruppen-Getriebe	171

6.3	Fahrzeuggetriebe mit Sonderfunktionen	174
7	**Achsgetriebe**	**178**
7.1	Einstufen-Achsgetriebe	179
7.2	Mehrstufen-Achsgetriebe	181
7.3	Schaltbare Achsgetriebe	185
7.4	Achsgetriebe mit Durchtrieb	187
8	**Verteilergetriebe**	**190**
8.1	Eingang-Verteilergetriebe	190
8.2	Zweigang-Verteilergetriebe	194
9	**Differentialgetriebe**	**197**
9.1	Ausgleichgetriebe	197
9.2	Differentialsperre	199
9.3	Ausgleichgetriebe mit automatisch begrenztem Schlupf (limited slip)	203
10	**Wellen und Gelenke**	**211**
10.1	Wellen	211
10.2	Wellengelenke	213
10.2.1	Gelenkscheiben	213
10.2.2	Kreuzgelenk	215
10.3	Gleichlauf-(homokinetische)Gelenke	220
10.3.1	Doppelkreuzgelenk	220
10.3.2	Homokinetische Kugelgelenke	222
10.4	Zur Dimensionierung der Übertragungselemente	225
Literatur		226
Sachwortverzeichnis		227

Formelzeichen

A	m²	Projektion der Fahrzeugstirnfläche
A_k	m²	Reibfläche der Kupplung
C		Konstante
		Steg des Planetensatzes
C	N	Tragzahl eines Lagers
D	m	Durchmesser des Kreislaufs eines Strömungsgetriebes
		Außendurchmesser einer Welle
E	Pa	Elastizitätsmodul
F	N	Kraft
F_A	N	Kraft für Beschleunigung
		Axialkraft
F_B	N	Kraft durch Bremsen
F_H	N	Zugkraft an Hinterachse
F_L	N	Kraft für Luftwiderstand
F_N	N	Normalkraft
F_R	N	Kraft für Rollwiderstand
F_{R+S}	N	Kraft für Roll- und Steigungswiderstand
F_{R+L}	N	Kraft für Roll- und Luftwiderstand
F_S	N	Kraft für Steigung
F_V	N	Zugkraft an Vorderachse
F_a	N	Kraft an der Ausgangsseite
F_e	N	Kraft an der Eingangsseite
F_k	N	Kraft am Antriebsrad während des Schlupfes der Kupplung
F_r	N	Kraft am Antriebsrad
$(F_u)_k$	N	Umfangskraft an der Konuskupplung
$(F_u)_l$	N	Umfangskraft lösend
$(F_u)_s$	N	Umfangskraft sperrend
F_w	N	Fahrwiderstandskraft
G	N	Gewicht
G_t	N	Treibachsbelastung
I		Wandlungsbereich des Getriebes
J	kgm²	Polares Trägheitsmoment
J_k	kgm²	Polares Trägheitsmoment der Kupplungsscheibe
J_m	kgm²	Polares Trägheitsmoment des Motors
J_n	kgm²	Polares Trägheitsmoment der Welle „n"
L		Zahl der zulässigen Überrollungen (Lager)
L_h	s	Lebensdauer (Lager)
M	Nm	Drehmoment
M_A	Nm	Drehmoment am Sonnenrad eines Planetensatzes
M_B	Nm	Drehmoment am Hohlrad eines Planetensatzes

Formelzeichen

M_{Bp}	Nm	Drehmoment der Bremsen an der Stelle ‚p'
M_C	Nm	Drehmoment am Steg eines Planetensatzes
M_P	Nm	Drehmoment der Pumpe eines Strömungsgetriebes
M_T	Nm	Drehmoment der Turbine eines Strömungsgetriebes
M_a	Nm	Drehmoment an der Ausgangsseite
$M_{äq}$	Nm	Äquivalentes Drehmoment
M_e	Nm	Drehmoment an der Eingangsseite
M_f	Nm	Reibmoment
$(M_f)_k$	Nm	Reibmoment beim Synchronisieren
M_{hi}	Nm	Drehmoment für Hilfsaggregate
M_k	Nm	Drehmoment bei rutschender Kupplung
$(M_k)_{max}$	Nm	Drehmoment der Kupplung, Maximalwert
M_m	Nm	Drehmoment des Motors
M_s	Nm	Drehmoment zum Synchronisieren
M_{vn}	Nm	Drehmoment für Verluste an der Stelle ‚n'
M_w	Nm	Drehmoment des Fahrwiderstands
M_o	Nm	Drehmoment am Punkt maximaler Leistung
N		Ganze Zahl
P	W	Leistung
P_P	W	Leistung der Pumpe eines Strömungsgetriebes
P_T	W	Leistung der Turbine eines Strömungsgetriebes
P_a	W	Leistung an der Ausgangsseite
P_e	W	Leistung an der Eingangsseite, meist Getriebe
$(P_e)_z$	W	Eingangsleistung, Verzahnung
P_f	W	Motorschleppleistung
P_{hi}	W	Leistung für Hilfsaggregate
P_i	W	Indizierte Leistung
P_m	W	Motorleistung, effektiv
P_v	W	Verlustleistung
$(P_v)_{la}$	W	Verlustleistung, Lager
$(P_v)_{pl}$	W	Verlustleistung, Planschen
$(P_v)_z$	W	Verlustleistung, Verzahnung
P_w	W	Fahrwiderstandsleistung
$(P_w)_{R+L}$	W	Fahrwiderstandsleistung für Roll- und Luftwiderstand
$(P/G)_{eff}$	W/N	Effektive spezifische Leistung des Fahrzeugs
P_o	W	Maximale Motorleistung
Q_v	J	Verlustarbeit (Wärme)
$(Q_v)_{min}$	J	Verlustarbeit Minimalwert beim Anfahren
R	m	Radius
R_a	m	Radius des Kraftangriffspunkts, Ausgang
R_e	m	Radius des Kraftangriffspunkts, Eingang
$(R_k)_a$	m	äußerer Radius des Reibbelags
$(R_k)_i$	m	innerer Radius des Reibbelags
$(R_k)_m$	m	mittlerer Radius des Reibbelags

U		Ungleichförmigkeitsgrad
V		Verzahnung mit Profilverschiebung.
W_R		Rückwärtswelle
W_V		Vorgelegewelle
W_a		Ausgangswelle
W_e		Eingangswelle
Z		Zähnezahl
Z_A		Zähnezahl des Sonnenrades eines Planetensatzes
Z_B		Zähnezahl des Hohlrades eines Planetensatzes
Z_a		Zähnezahl des Zahnrads an der Ausgangsseite
Z_e		Zähnezahl des Zahnrads an der Eingangsseite
a	m	Achsabstand
a	m/s²	Fahrzeugbeschleunigung
a_{haft}	m/s²	Fahrzeugbeschleunigung an der Haftgrenze
a_{max}	m/s²	Fahrzeugbeschleunigung, Maximalwert
b	m	Zahnradbreite
c_w		Luftwiderstandsbeiwert
$c_w \cdot A$	m²	Luftwiderstandsfläche
d	m	Innendurchmesser einer Hohlwelle
f	%	Weganteil
f		Eingriffsfaktor
f_R		Rollwiderstandsbeiwert
g	m/s²	Fallbeschleunigung ($\sim$ 9,81 m/s²)
g_α	m	Eingriffsstrecke
h	m	Schwerpunktshöhe eines Fahrzeugs
i		Übersetzung, Eingang zu Ausgang. Besonders Getriebeeingang zu Antriebsrad des Fahrzeugs
i_f		Übersetzung in Achs- oder Verteilergetriebe
i_g		Variable Übersetzung im Schaltgetriebe
i_k		Übersetzung, Getriebeeingang zu Vorgelegewelle
i_n		Übersetzung Welle ‚n' zu Antriebsrad
i_n		Übersetzung des Gangs ‚n'
$i_{(n+1)}$		Übersetzung des Gangs ‚(n+1)'
i_p		Übersetzung Welle ‚p' zu Antriebsrad
i_s		Übersetzung Eingangswelle zu Synchronisierkupplung
i_I		Übersetzung 1. Gang
i_1		Übersetzung Zahnradpaar 1. Gang
k		Konstanter Wert
		Verlustfaktor
l	m	Radstand eines Fahrzeugs
		Länge einer Welle
m	kg	Fahrzeugmasse
m		Modul einer Verzahnung
m_n		Modul einer Verzahnung im Normalschnitt

Formelzeichen

n	s^{-1} (1/min)	Drehzahl
n_e	s^{-1}	Drehzahl am Getriebeeingang
n_{la}	s^{-1}	Lagerdrehzahl
p	Pa	Druck, Hertz'sche Pressung
p_k	Pa	Anpreßdruck auf Reibflächen der Kupplung
p_{pl}		Beiwert für Planschverluste
q	J/m²	Spezifische Reibarbeit
r		Querzahl
r	m	Radius der Antriebsräder
r_b	m	Grundkreisradius, Evolventenverzahnung
r_k	m	Radius der Konuskupplung (Synchronisierung)
r_s	m	Radius der Sperrzähne (Synchronisierung)
s	m	Abstand des Fahrzeugschwerpunkts vom Kraftangriff
s	m	Wegstrecke
s_f	m	Zahnfußstärke (Evolventenverzahnung)
s_n		Kleinster Gangsprung
t	°C	Temperatur
t	s	Zeit
t_s	s	Schlupf-, Synchronisierzeit
v	m/s	Fahrgeschwindigkeit
v_e	m/s	Endgeschwindigkeit
v_w	m/s	Wälzgeschwindigkeit des Zahneingriffs
v_o	m/s	Maximalgeschwindigkeit
w	W/m²	Spezifische Reibleistung
x		Profilverschiebungsfaktor
y		Progressionsfaktor
y	%	Streckenanteil
z		Anzahl der Gänge
		Zähnezahl
z_k		Anzahl der Reibflächen
z_p		Anzahl der Planetenräder
α	grad	Winkel der Zahnanschrägung
α	grad	Steigungs-, Gefällewinkel
α_a	grad	Kopfeingriffswinkel
$\alpha_{äq}$	grad	Äquivalenter Steigungswinkel
α_{haft}	grad	Steigungswinkel an der Haftgrenze
$(\alpha_t)_b$	grad	Betriebseingriffswinkel im Stirnschnitt
β	grad	Winkel zwischen den Achsen von Wellen
β_b	grad	Schrägungswinkel im Grundkreis (Evolventenverzahnung)
β_h	grad	Winkel zwischen Achsen von Wellen, Horizontalkomponente
β_r	grad	Resultierender Winkel zwischen Achsen von Wellen
β_s	grad	Winkel der Zahnschräge

β_v	grad	Winkel zwischen Achsen von Wellen, Vertikalkomponente
γ	grad	Winkel der Konuskupplung, Synchronisierung
ϵ_s		Sprungüberdeckung
ϵ_β		Profilüberdeckung
η		Wirkungsgrad
η_M		Wirkungsgrad, nur das Drehmoment betreffend
η_S		Wirkungsgrad, nur die Drehzahl betreffend, Schlupf
κ		Faktor der rotatorisch beschleunigten Massen des Fahrzeugs
λ		Leistungszahl des Strömungsgetriebes
λ		Bezogene Koppellänge, Doppelkardangelenk
μ		Drehmomentverhältnis Turbine zu Pumpe eines Strömungsgetriebes
μ_k		Reibwert der Kupplungsbeläge
μ_r		Reibwert zwischen Reifen und Straße
$(\mu_r)_{max}$		Reibwert zwischen Reifen und Straße Maximalwert
μ_z		Reibwert bei Verzahnungen
ν		Drehzahlverhältnis Turbine zur Pumpe eines Strömungsgetriebes
ξ		Bezogene Schwerpunktshöhe
ξ_k		Verlustgrad Zahnradpaar ‚Konstante'
ξ_z		Verlustgrad Verzahnung
ξ_1		Verlustgrad 1.-Gang-Zahnradpaar
ρ	grad	Reibungswinkel
ρ	kg/m³	Dichte
$\rho_{1,2}$	m	Krümmungsradien
σ_b	Pa	Vergleichsspannung
φ		Schnellgangfaktor
φ	grad	Drehwinkel einer Welle
φ_k	grad	Kardanwinkel
ψ		Bezogener Schwerpunktsabstand der Treibachse
ω	rad/s	Winkelgeschwindigkeit (1 rad $\triangleq$ 180°/π)
ω_A	rad/s	Winkelgeschwindigkeit des Sonnenrads eines Planetensatzes
ω_B	rad/s	Winkelgeschwindigkeit des Hohlrads eines Planetensatzes
ω_C	rad/s	Winkelgeschwindigkeit des Stegs eines Planetensatzes
ω_P	rad/s	Winkelgeschwindigkeit der Pumpe eines Strömungsgetriebes
ω_T	rad/s	Winkelgeschwindigkeit der Turbine eines Strömungsgetriebes
ω_a	rad/s	Winkelgeschwindigkeit der Ausgangsseite
ω_e	rad/s	Winkelgeschwindigkeit der Eingangsseite
$(\omega_k)_{pr}$	rad/s	Kritische Winkelgeschwindigkeit, praktisch

Formelzeichen

$(\omega_k)_{th}$	rad/s	Kritische Winkelgeschwindigkeit, theoretisch
ω_m	rad/s	Winkelgeschwindigkeit des Motors
$(\omega_m)_{min}$	rad/s	Winkelgeschwindigkeit, Minimalwert des Motors zum Anfahren
ω_{min}	rad/s	Winkelgeschwindigkeit bei Leerlauf des Motors
ω_n	rad/s	Winkelgeschwindigkeit der Welle ‚n'
ω_{pl}	rad/s	Winkelgeschwindigkeit der im Öl planschenden Welle
ω_r	rad/s	Winkelgeschwindigkeit des Antriebsrades
ω_s	rad/s	Winkelgeschwindigkeit der Schaltmuffe
ω_t	rad/s	Winkelgeschwindigkeit des Tachoantriebs
ω_o	rad/s	Winkelgeschwindigkeit bei maximaler Motorleistung
$\dot{\omega}$	rad/s²	Winkelbeschleunigung
$\dot{\omega}_e$	rad/s²	Winkelbeschleunigung der Eingangsseite
$\dot{\omega}_m$	rad/s²	Winkelbeschleunigung des Motors

Anmerkung

In diesem Buch werden durchgehend nur SI-Einheiten verwendet. Das hat so viele Vorteile, daß auch älteren Ingenieuren die Umstellung nur empfohlen werden kann. Die Drehzahl n ist auf Diagrammen und in der Berechnung in der Regel durch die Winkelgeschwindigkeit ω ersetzt. Damit ist einerseits der Bezug auf die Dimension Sekunde s sichergestellt, andererseits der sonst häufig notwendige Faktor 2π vermieden. Im Text werden aber die Begriffe Winkelgeschwindigkeit und Drehzahl alternativ benutzt. Bei Übersetzungen, d. h. bei Winkelgeschwindigkeits- bzw. Drehzahlverhältnissen, sind die Ausdrücke ohnehin identisch.

1 Triebstrang

Der Triebstrang ist der Teil eines Kraftfahrzeugs, der dieses selbstbeweglich, „automobil" macht. Da bei der Bewegung Widerstände überwunden, Höhendifferenzen bewältigt und Massen beschleunigt werden müssen, ist dazu Energie nötig. Das Automobil gewinnt seine unabhängige Mobilität dadurch, daß es einen Energievorrat an Bord mitführt, der heute je nach Fahrweise für etwa 400 km bis über 1 000 km ausreicht. Da zur Überwindung der Fahrwiderstände mechanische Energie erforderlich ist, bestimmt die Art der mitgeführten Energie die Elemente des Triebstrangs.

Das allgemeine Blockbild von Maschinensystemen, **Bild 1**, ist auch für das Kraftfahrzeug gültig. Eine Kraftmaschine (Motor), die von einer Energie versorgt wird, treibt eine Arbeitsmaschine (Fahrzeug) an, welche die gewünschte Funktion (Transport) ausübt. Wenn sich die Betriebsweisen und die Kennfelder von Kraft- und Arbeitsmaschine nicht decken, was meist der Fall ist, muß durch die Kraftübertragung (Getriebe) eine geeignete Anpassung erreicht werden.

Die Pfeile der Flußrichtung auf **Bild 1** deuten an, daß der Energiespeicher im Fahrzeug immer nur entladen, aber nicht von der Arbeitsmaschine über die Kraftmaschine wieder aufgeladen werden kann. Dagegen findet eine wechselseitige Beeinflussung von Kraftmaschine, Kraftübertragung und Arbeitsmaschine statt.

Wenn auch dieses Buch nur der Kraftübertragung gewidmet ist, so weist doch **Bild 1** darauf hin, daß zur optimalen Konzeption der Kraftübertragung Kenntnisse über das Gesamtsystem, also über Energieart, Kraftmaschine und Arbeitsmaschine, vor allem aber über die verlangte Funktion erforderlich sind.

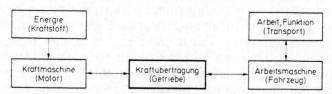

Bild 1: Blockschaltbild von Maschinensystemen
Bezeichnungen in Klammern beschreiben die Anwendung auf das Kraftfahrzeug.

1.1 Merkmale transportabler Energie

Der Energievorrat, der an Bord mitgeführt wird, bedeutet „totes" Gewicht und „totes" Volumen. Er erhöht dadurch die Fahrwiderstände und den Energieverbrauch und reduziert gleichzeitig Zuladung und Nutzraum. Daher ist für das Kraftfahrzeug besonders *die* Energieart geeignet, die pro Masse (J/kg) und pro Volumen (J/l) eine besonders hohe Energiedichte besitzt.

Tabelle 1: Daten transportabler Speichersysteme

Kraftstoffart	Kraftstoff		Kraftstoff + Speicher		Über-tragung *) η	Arbeitsverm. am Rad		Bemer-kung
	MJ/kg	MJ/l	MJ/kg	MJ/l		MJ/kg	MJ/l	
Dieselöl + Dieselm.	42,5	35,3	36,0	30,0	0,24	8,6	7,2	
Benzin + Ottom.	43,1	32,3	37,0	28,0	0,21	7,8	5,9	Super
Flüssiggas + Ottom.	46,1	24,9	22,0	17,7	0,22	4,8	3,9	Druck-flasche
Äthanol + Ottom.	26,8	21,2	23,0	18,0	0,22	5,1	4,0	
Methanol + Ottom.	19,7	15,6	17,0	13,0	0,22	3,7	2,9	
Wasserstoff gasförmig + Ottom.	120,0	10,8	1,5	2,1	0,20	0,3	0,42	Druck-flasche 20 MPa
Wasserstoff flüssig + Ottom.	120,0	10,8	20,0	4,9	0,20	4,0	1,0	−253°C Al-Kryotank
Wasserstoff Hydrid + Ottom.	120,0	10,8	2,3	3,5	0,20	0,46	0,7	Titaneisen + Mg_2
Elektrizität + E-Motor			0,09	0,25	0,65	0,06	0,16	Bleibat-terie 25 Wh/kg

*) $\eta = \dfrac{\text{Energie am Rad}}{\text{Energie des Kraftstoffs}}$

Tabelle 1 zeigt, daß viele Energiearten als transportabel bezeichnet werden können, sie zeigt aber auch, daß nicht nur die Energiedichten der Stoffe ganz unterschiedlich sind, sondern auch, daß die zur Mitnahme an Bord erforderlichen Behälter (Speicher) die nutzbare Energiedichte nach Masse und Volumen wesentlich (negativ) ändern können. In **Bild 2** ist die letzte Spalte von **Tabelle 1** als Balkendiagramm dargestellt. Das spezifische Arbeitsvermögen am Rad gibt an, wieviel Energie pro Masse bzw. pro Volumen von Energiestoff + Speicher schließlich am Rad zur Überwindung der Fahrwiderstände noch verfügbar ist. Dabei ist die Erhöhung der Fahrwiderstände durch das zusätzliche Gewicht des Energievorrats + Speicher noch nicht berücksichtigt. Die für den praktischen Einsatz relevanten Größen ergeben einen klaren Vorteil der flüssigen Kraftstoffe, und dort etwa in der Reihenfolge: Dieselöl, Benzin (Super), Flüssiggas (LPG), Äthanol, Methanol. Gasförmige Kraftstoffe haben erheblich niedere Werte der Netto-Energiedichten. Noch wesentlich darunter liegt allerdings die Netto-Energiedichte von gespeicherter elektrischer Energie. Flüssige Kraftstoffe erfüllen auch alle Forderungen nach einfacher Handhabbarkeit und schneller Wiederaufladbarkeit der Speicher am besten.
Dieselöl und Benzin sind aus all diesen für den Betrieb des Kraftfahrzeugs so wichtigen Gründen die bevorzugten Kraftstoffe für Kraftfahrzeuge, und sie

Energiewandler

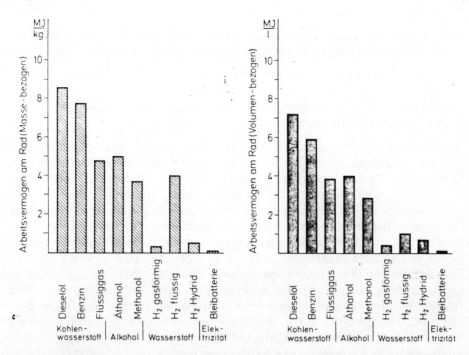

Bild 2: Spezifisches Arbeitsvermögen verschiedener transportabler Energiespeichersysteme im Kraftfahrzeug (letzte Spalte von **Tabelle 1**). Spezifisches Arbeitsvermögen = an den Antriebsrädern verfügbare mechanische Energie bezogen auf Masse bzw. Volumen von Energiestoff + Energiespeicher (Behälter). Unterschiedliche Wirkungsgrade der Motoren bei der Energiewandlung sind berücksichtigt.

werden es bleiben. Diese Aussage wird wahrscheinlich auch dann noch Gültigkeit haben, wenn die Kraftstoffe eines Tages synthetisch hergestellt werden müssen.

1.2 Energiewandler

In flüssigen Kraftstoffen ist die Energie chemisch gebunden. Um sie freizusetzen und in die erforderliche mechanische Energie zu transformieren, ist ein Energiewandler (Motor) nötig, für den sich Wärmekraftmaschinen als besonders zweckmäßig erwiesen haben; (die Brennstoffzelle ist in Verbindung mit einem Elektromotor eine andere Möglichkeit, um chemisch gebundene in mechanische Energie zu verwandeln).

Da alle Wärmekraftmaschinen nach den gleichen thermodynamischen Gesetzen arbeiten, die übrigens nie die volle Umsetzung der Wärme in nutzbare mechanische Energie erlauben (2. Hauptsatz), wird die Auswahl unter verschiedenen Wärmekraftmaschinen nach Arbeitswirkungsgrad, Umweltlastung, Gewicht, Bauaufwand, Betriebsreife und nach der Eignung des Kennfelds zum Antrieb von Fahrzeugen bestimmt. In Frage kommen:

— Verbrennungsmotor   nach dem Otto- und Dieselverfahren in Hubkolben- und Rotationskolben-Bauart,
— Gasturbine   ein- oder mehrwellig, bevorzugt zweiwellig,
— Stirling- und Dampfmotor.

In **Bild 3a** sind die Betriebsbereiche dieser Wärmekraftmaschinen dargestellt. Alle Varianten sind durch die Veränderung ihrer Stellgröße (Drosselklappe, Regelstange, Einspritzzeit, Düsenquerschnitt usw.) im gesamten Leistungsbereich $0 \leq P \leq P_o$ betreibbar, arbeiten aber bei ganz unterschiedlichen Winkelgeschwindigkeiten (Drehzahlen) und füllen auch ganz unterschiedliche Anteile und Bereiche des Kennfelds aus. Um sie besser vergleichen zu können, sind die Kennfelder in **Bild 3b** übereinander gezeichnet; dabei sind alle Größen mit denen des Punkts maximaler Leistung P_o normiert. Den kleinsten Teil des Feldes bedeckt die Einwellengasturbine, die erst oberhalb $\omega/\omega_o = 0,5$ beginnt, Leistung abzugeben. Die verschiedenen Arten der Verbrennungsmotore und der Stirlingmotor haben vom Prinzip her ein konstantes Vollast-Drehmoment über der Drehzahl. In Praxis steigt allerdings das Drehmoment vom Wert am Punkt maximaler Leistung mit fallender Drehzahl zuerst um 10—20% an. Diese Motore arbeiten alle erst oberhalb einer Mindestdrehzahl, der Leerlaufdrehzahl. Die Maximaldrehzahl wird von Festigkeits- und Prozeßführungsgrenzen bestimmt.

Die Zweiwellen-Gasturbine und auch der Dampfmotor arbeiten dagegen im ganzen Bereich $\omega = 0$ bis $\omega = \omega_o$. Das Vollastdrehmoment der Zweiwellen-Gasturbine steigt vom Punkt maximaler Leistung mit fallender Drehzahl nahezu linear bis zum mehr als doppelten Wert bei der Drehzahl null.

Alle genannten Kraftmaschinen arbeiten als Fahrzeugantrieb nur in einer Drehrichtung.

Die Motorleistung P_m ist durch die Größen Drehmoment M_m und Winkelgeschwindigkeit ω_m bestimmt, $\omega/2\pi = n$. Wenn die Drehzahl n wie üblich in Umdrehungen pro Minute [1/min] angegeben wird, besteht die leicht zu merkende Beziehung

$$\omega = n \cdot 2\pi/60 \approx 0,1 \cdot n \quad [\text{rad/s}]$$

$$P_m = M_m \cdot \omega_m \quad [W] \tag{1}$$

Das Drehmoment des Motors ist abhängig von der Stellgröße S und — je nach Maschinentyp unterschiedlich — von der Winkelgeschwindigkeit ω. Im allgemeinen werden zusammengehörende Werte von M_m und ω_m aus gemessenen Kennfeldern entnommen. Nach DIN 70020 bzw. EG-Ratsrichtlinie 80/1269/EWG ist bei der Angabe der Motorleistung der Leistungsbedarf aller zum Betrieb des Motors notwendigen Hilfsgeräte wie Wasserpumpe, Motoröl- und Einspritzpumpe, Lichtmaschine und Lüfter usw. berücksichtigt, nicht aber der von anderen Aggregaten, Index hi, deren Leistungsbedarf ebenfalls der Motorleistung entnommen wird, wie z. B. Luft- und Kältekompressor, Servoölpum-

Energiewandler

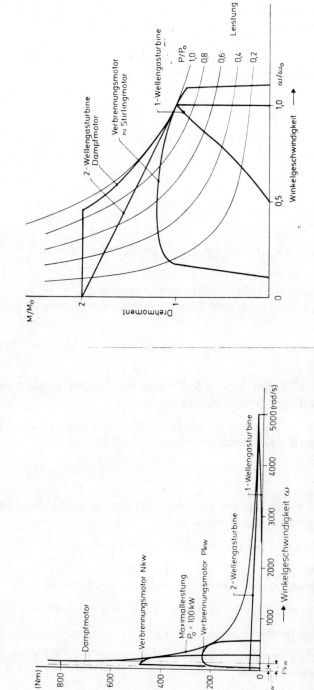

Bild 3: Arbeitsbereiche verschiedener Kraftmaschinen und Fahrzeugarten, die Maximalleistung ist immer $P_o = 100$ kW

Bild 3a: Drehmoment M über Winkelgeschwindigkeit ω im gleichen Maßstab

Bild 3b: Normiertes Kennfeld bezogen auf die Werte am Punkt maximaler Leistung P_o
Drehmoment M/M_o; Winkelgeschwindigkeit ω/ω_o; Leistung P/P_o

pen für Lenkung und Federung, Antriebe für Arbeitsgeräte wie Betonmischer, Kehrmaschinen usw..

Das schließlich zum Antrieb des Fahrzeugs verfügbare Drehmoment M_e wird weiter beeinflußt (vermindert oder vergrößert) durch die Änderung der Winkelgeschwindigkeit polarer Massen des Motors J_m (Kurbelwelle, Anteile von Pleuel und Kolben, Schwungrad usw.).

$$M_e = M_m - M_{hi} - J_m \cdot \dot\omega_m \quad [Nm] \tag{2}$$

Die spezielle Eignung einer Kraftmaschine als Fahrzeugmotor kann erst beurteilt werden, wenn die Anforderungen des Fahrzeugs analysiert sind.

1.3 Fahrzeug

Die Kategorie der Landfahrzeuge ist gekennzeichnet durch

— unabhängige Mobilität,
— Bewegung ausschließlich auf festem Untergrund,
— Abstützung aller Kräfte zum Tragen, Führen und Fortbewegen direkt am Boden.

Die Zugwagen der Landfahrzeuge zeichnen sich innerhalb der Gesamtgruppe noch aus durch

— Mitführen des Triebstrangs, also Energie (Kraftstoff), Energiewandler (Motor) und Kraftübertragung (Getriebe).

Der Leistungsbedarf eines Fahrzeugs P_w wird von den Faktoren Fahrwiderstandskraft F_w und Fahrgeschwindigkeit v bestimmt

$$P_w = F_w \cdot v \quad [W] \tag{3}$$

Die Widerstände, die bei der Bewegung eines Landfahrzeugs überwunden werden müssen, sind von dreierlei Art:

— Immer vorhanden, bei Bewegung Energie verzehrend

Rollwiderstand	$F_R = m \cdot g \cdot f_R \cdot \cos\alpha$	[N]
Luftwiderstand (bei Windstille)	$F_L = c_w \cdot (\rho/2) \cdot A \cdot v^2$	[N]

— Stochastisch auftretend, bei Bewegung Energie verzehrend

Fahrzeugbremsen	F_B	[N]

— Stochastisch auftretend, bei Bewegung kann Energie gespeichert oder rückgewonnen werden

Steigungswiderstand	$F_S = m \cdot g \cdot \sin\alpha$	[N]
Beschleunigungswiderstand	$F_A = m \cdot \kappa \cdot a$	[N]

Damit läßt sich der Fahrwiderstand an den Antriebsrädern beschreiben:

$$F_w = m \cdot g \cdot f_R \cdot \cos\alpha + c_w \cdot (\rho/2) \cdot A \cdot v^2 + F_B + m \cdot g \cdot \sin\alpha + m \cdot \kappa \cdot a \quad [N] \quad (4)$$

und die Fahrwiderstandsleistung:

$$P_w = m \cdot g \cdot [f_R \cdot \cos\alpha + \sin\alpha + \kappa \cdot a/g] \cdot v + F_B \cdot v + c_w \cdot (\rho/2) \cdot A \cdot v^3 \quad [W] \quad (5)$$

κ Faktor der rotatorisch beschleunigten Massen des Fahrzeugs von der Kupplungsscheibe bis zu den Rädern. Die Schwungmasse des Motors wird wegen möglichen Drehzahlschlupfs getrennt erfaßt, Gl. (2).

$$\kappa = 1 + \frac{1}{m} \sum_{}^{n} J_n \cdot (i_n/r)^2$$

Im Fahrkennfeld, **Bild 4a**, ist der Fahrwiderstand als Funktion der Fahrgeschwindigkeit aufgetragen, Steigung bzw. Beschleunigung sind Parameter. Da der Faktor κ selten größer als 1,04 ist, kann er hier auch gleich 1 gesetzt werden. Dann sind die Parameter $\sin\alpha$ und a/g austauschbar. Wenn aber, wie üblich, die Steigung in % ($\hat{=} \tan\alpha \cdot 100$) angegeben wird, dann weichen die Werte der Steigung, hier $\tan\alpha$, und der bezogenen Beschleunigung mit wachsender Steigung immer mehr voneinander ab, z. B.

$\alpha = 10°$, $\sin\alpha = a/g = 0{,}173$, $\tan\alpha = 0{,}1763$
$\alpha = 20°$, $\sin\alpha = a/g = 0{,}3420$, $\tan\alpha = 0{,}3640$

Der Unterschied muß bei Steigungen über 15 % beachtet werden.
Die die Fahrwiderstände bestimmenden Fahrzeugparameter: Rollwiderstandsbeiwert f_R, Masse m, Luftwiderstandsfläche $c_w \cdot A$ variieren schon zwischen Fahrzeugen der gleichen Art, erst recht aber zwischen den verschiedenen Fahrzeugarten, wie z. B. Motorrad, Pkw, Omnibus, Lkw. Daher liegen die Arbeitsbereiche selbst bei gleichem Fahrleistungsbedarf weit auseinander. Um das zu zeigen, ist in **Bild 4a** auch ein Nkw mit der gleichen Maximalleistung von 100 kW, aber der zehnfachen Masse eingetragen. Das hohe Gewicht des Nkw bewirkt schon bei $\tan = 0{,}2$ (20 %) einen wesentlich höheren Fahrwiderstand als der des Pkw bei $\tan\alpha = 0{,}4$ (40 %). Die maximale Fahrgeschwindigkeit ist beim Nkw durch die höheren Roll- und Luftwiderstände viel kleiner als beim Pkw.

Die Darstellung der Fahrwiderstände F_w als Drehmomentbedarf M_w und der Fahrgeschwindigkeit v als Winkelgeschwindigkeit der Antriebsräder ω_r setzt die Festlegung des Radius der Antriebsräder r voraus.

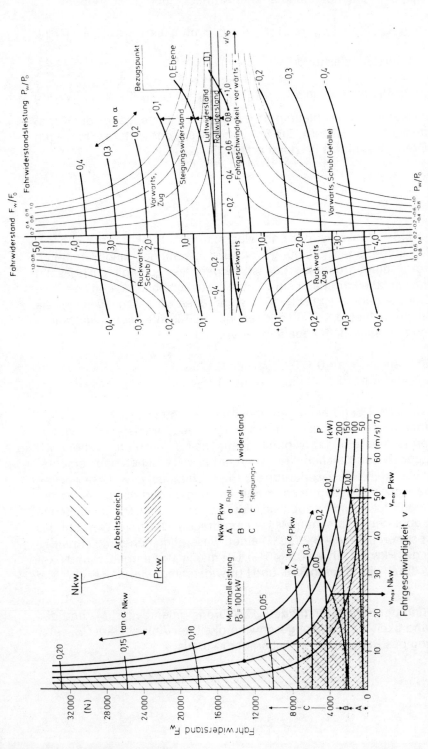

Bild 4: Kennfelder von Fahrzeugarten. Fahrwiderstand über Fahrgeschwindigkeit, Parameter Steigung: tan α

Bild 4a: Quadrant I vorwärts, Zug
Motorleistung: Pkw und Nkw $P_o = 100$ kW
Fahrzeugmasse: Pkw m = 2000 kg; Nkw m = 20000 kg

Bild 4b: Normiertes Kennfeld für Pkw, Bezugspunkte: Angenommene Höchstgeschwindigkeit in der Ebene v_o und die dafür erforderliche Zugkraft F_o

$$M_w = F_w \cdot r \ [Nm], \qquad \omega_r = v/r \ [rad/s] \tag{6}$$

Eine Eintragung der Werte in **Bild 3a** ist aber trotzdem aus Maßstabsgründen kaum möglich, obwohl es die Anpassungsaufgabe der Kraftübertragung besonders deutlich machen würde. Die Fahrzeuge nach **Bild 4a** haben bei maximaler Motorleistung folgende Betriebsbereiche:

Pkw $0 \leq \omega_r \leq 160$ [rad/s], $2500 \geq M_w \geq 625$ [Nm]
Nkw $0 \leq \omega_r \leq 50$ [rad/s], $16000 \geq M_w \geq 2000$ [Nm]

Wenn auch der Vergleich der Arbeitsbereiche der verschiedenen Kraft- und Arbeitsmaschinen die Aufgabe der Kraftübertragung beschreibt, so wäre es doch ganz falsch, daraus etwa den Schluß zu ziehen, daß vor allem die Kraftmaschine zu bevorzugen ist, deren Drehzahl- und Drehmomentniveau dem des Fahrzeugs am nächsten kommt, denn:

> Unterschiedliche Arbeitsbereiche von Kraft- und Arbeitsmaschinen lassen sich immer durch konstante Zahnradübersetzungen leicht aneinander angleichen.

Für grundsätzliche Überlegungen kann auch für das Fahrzeugkennfeld eine Normierung zweckmäßig sein, **Bild 4b**. Sie wird am besten mit der gedachten oder durch die Leistung des Antriebsmotors bestimmten Maximalgeschwindigkeit v_o durchgeführt. Allerdings sind solche normierten Felder nur für die gleiche Fahrzeugart zu gebrauchen, wenn auch der Parameter $\tan \alpha \approx a/g$ eingetragen werden soll, der, wie schon erwähnt, vor allem von der Fahrzeugmasse bestimmt wird. **Bild 4b** gilt in dieser Form nur für Pkw.

Landfahrzeuge haben Betriebsbereiche, die immer bei der Fahrgeschwindigkeit null (Stillstand) beginnen, und sie besetzen in der Regel alle 4 Quadranten:

Quadrant I   Vorwärts, Zug (Ebene oder Steigung)
         II Rückwärts, Schub (Gefälle)
         III Rückwärts, Zug (Ebene oder Steigung)
         IV Vorwärts, Schub (Gefälle)

1.4 Zusammenarbeit Energiewandler/Fahrzeug

Der Vergleich der Kennfelder von Motor, **Bild 3**, und Fahrzeug, **Bild 4**, ergibt etwa folgende Reihenfolge der Eignung:

— Zweiwellen-Gasturbine und Dampfmotor, weil beide schon bei Stillstand ein hohes Drehmoment liefern können.
— Verbrennungs- und Stirlingmotor, die zwar eine Kleinstdrehzahl $\omega_{min} > 0$ haben, aber doch einen großen Teil des Kennfeldes (im 1. Quadranten) ausfüllen.
— Einwellen-Gasturbine, die bei dieser Betrachtungsart am Schluß rangiert.

Da alle Kraftmaschinen nur eine Drehrichtung haben, werden zusätzliche Elemente zur Drehrichtungsumkehr für die Rückwärtsfahrt gebraucht, und alle benötigen eine feste Übersetzungsstufe zur Angleichung unterschiedlicher Drehzahlniveaus von Motor und Antriebsrädern. Sonst aber benötigt die Zweiwellen-Gasturbine (und der Dampfmotor) ‚am wenigsten' Getriebe. Das andere Extrem ist die Einwellen-Gasturbine, die nur durch einen stufenlosen Wandler mit dem großen Übersetzungsbereich von 14—20 für den Fahrzeugantrieb brauchbar gemacht werden kann. Wegen ihrer bestechenden Einfachheit wird trotzdem weiter an ihrer Entwicklung gearbeitet.

Die Entscheidung zugunsten der einen oder anderen Kraftmaschine kann aber nicht allein nach den Kennlinien erfolgen. Der Entwicklungsstand der Gasturbinen, des Dampfmotors und des Stirlingmotors ist heute bei weitem noch nicht mit dem der Verbrennungsmotoren zu vergleichen und es ist unklar, ob sie ihn je erreichen können. Bauaufwand, Zuverlässigkeit und teilweise auch der Kraftstoffverbrauch sind noch ungenügend. Daher werden für die absehbare Zukunft die ‚klassischen' Kraftmaschinen des Automobils:

Ottomotor (schon bei Benz 1886)
Dieselmotor (erster Fahrzeugeinbau 1922),

die bevorzugten Fahrzeugmotoren bleiben. Die weitere Behandlung der „Kraftübertragung" wird sich daher auf Kombinationen aus Otto- und Dieselmotor mit Personen- und Nutzkraftwagen beschränken.

Bild 5 zeigt die Kombination der Diagramme **Bild 3 b**, Verbrennungsmotor, und **Bild 4 b**, Pkw. Die verfügbare Leistung des Motors P_o, mit der hier alle Werte normiert sind, schneidet gewissermaßen den Betriebsbereich des realen Kraftfahrzeugs aus dem Kennfeld des Fahrzeugs, das ohne natürliche Begrenzung ist, heraus. Besonders markiert sind Gebiete,

— die das Motorkennfeld selbst abdeckt,
— die eine Drehmomentwandlung erfordern,
— die nur im Schlupfbetrieb gefahren werden können und
— die mit Drehrichtungsumkehr.

In Gebieten, die mit „Schub" bezeichnet sind, benötigt das Fahrzeug keinen Antrieb vom Motor. Daher sind hier die Arbeitsbedingungen der Kraftübertragung unbestimmt, da sie fehlen oder unterbrochen sein könnte. Die Verhältnisse sind aber wieder definiert, wenn der Motor oder ein Glied der Kraftübertragung zum Bremsen herangezogen werden sollen.

Zusammenarbeit Energiewandler/Fahrzeug

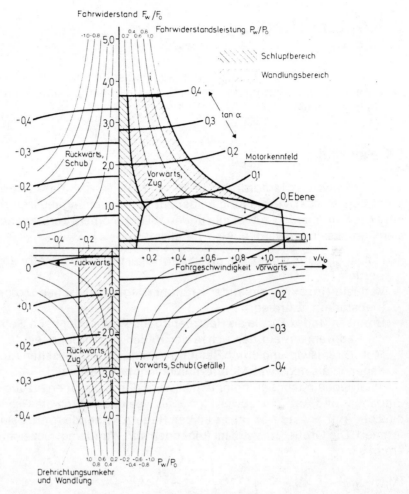

Bild 5: Fahrkennfeld, Zusammenarbeit von Motor und Fahrzeug (Pkw) Kombination der Kennfelder Bilder 3b und 4b.
In den Schubquadranten sind die Gebiete der Zusammenarbeit nicht definiert, da das Fahrzeug keinen Motor zum Antrieb benötigt. Wenn der Motor als Bremse benutzt wird (negativer Antrieb), sind auch diese Felder belegt.
Auch im Schlupfbereich existiert keine feste Zuordnung von Motorwinkelgeschwindigkeit und Fahrgeschwindigkeit.
Der Arbeitsbereich bei Rückwärtsfahrt entspricht etwa der maximalen Steigfähigkeit vorwärts.

2 Kraftübertragung

Nachdem Antriebsmotor und Fahrzeug festliegen und ihre Arbeitsweisen bekannt sind, läßt sich jetzt auch ihr Zusammenwirken durch die Fahrgleichung beschreiben.

2.1 Fahrgleichung

Mit Gl. (2) ist das Motordrehmoment, mit Gl. (4) der Fahrwiderstand beschrieben. Bei der Verbindung beider zur Fahrgleichung müssen zur Ermittlung der Fahrleistung zuerst alle anderen Drehmoment verbrauchenden Posten berücksichtigt werden. Also vor allem:

— Hilfsaggregate (Index hi), die in der Regel direkt vom Motor angetrieben werden,
— Verluste (Index v), die in der Kraftübertragung zwischen Motor und Antriebsrädern auftreten,
— Bremsen (Index B), die als Retarder irgendwo vor oder nach Getriebe oder als Radbremsen auf der Achse der Räder angeordnet sein können. Die Motorbremswirkung durch Reibung oder durch gedrosselten Auspuff wird dagegen als negatives Motordrehmoment berücksichtigt.

Das Getriebeeingangsdrehmoment M_e wird durch die Übersetzung zwischen Eingangs- und Antriebsradwelle $i = \omega_e/\omega_r$ wie auch durch die Größe des Radius der Antriebsräder „r" in die an den Rädern wirkende Antriebskraft transformiert. Die Größe „i/r" wird im folgenden als „Wandlung" bezeichnet. Damit ergibt sich:

$$\underbrace{\underbrace{(M_m - M_{hi} - J_m \cdot \dot{\omega}_m) \frac{i}{r}}_{\text{Eingangsdrehmoment } M_e} - \underbrace{\sum^n M_{vn} \cdot \frac{i_n}{r} - \sum^p M_{Bp} \cdot \frac{i_p}{r}}_{\text{Übertragungs-; Bremsverlust}}}_{\text{Wandlung der Kraftübertragung}}$$

$$= \underbrace{m \cdot g \cdot f_R \cdot \cos\alpha + c_w \cdot (\rho/2) \cdot A \cdot v^2}_{\text{,verloren'}} + \underbrace{m \cdot g \cdot \sin\alpha + m \cdot \kappa \cdot a}_{\text{,gespeichert'}} \qquad (7)$$

$$\text{Fahrwiderstände}$$

Wenn Verlust- und Bremsdrehmomente an verschiedenen Stellen in der Kraftübertragung wirken, muß für diese, nicht der Kraftübertragung dienenden, Anteile der Wert der Wandlung (i/r) dem Platz im Triebstrang, n bzw.

p, angepaßt werden. Für die Auslegung der Kraftübertragung selbst können die Bremskräfte außer Ansatz bleiben, weil sie nicht bestimmend sind.
Um die Beziehungen nicht zu unhandlich werden zu lassen, soll im weiteren angenommen werden, daß bei der Angabe des Motordrehmoments die Anteile zum Antrieb der Hilfsaggregate schon abgezogen sind. Alle Verluste der Kraftübertragung, die die Zugkraft mindern, sollen in einem einzigen Übertragungswirkungsgrad η_M berücksichtigt werden. Werden die Fahrleistungen dagegen, wie heute üblich, mit einem Rechner ermittelt, dann sind solche Annäherungen nicht nötig und alle Einflüsse können korrekt erfaßt werden.
Mit den genannten Vereinfachungen wird aus Gl. (7):

$$(M_m - J_m \cdot \dot{\omega}_m) \frac{i}{r} \cdot \eta_M = m \cdot g \, (f_R \cdot \cos\alpha + \sin\alpha + \kappa \cdot a/g) + c_w \cdot (\rho/2) \cdot A \cdot v^2 \quad (8)$$

Die Wandlung (i/r) beschreibt das Verhältnis der Antriebskraft an den Rädern zu dem Drehmoment am Getriebeeingang. Sie beschreibt auch die Übersetzung zwischen der Winkelgeschwindigkeit am Getriebeeingang und der Fahrgeschwindigkeit, solange kein Schlupf in diesem Wellenstrang besteht. Für den Fall des Drehzahlschlupfs zwischen Motor und Getriebeeingang, besonders also im Anfahrzustand, muß noch ein Schlupfwirkungsgrad η_S eingeführt werden.

$$\frac{i}{r} = \frac{\omega_m}{v} \cdot \eta_S = \frac{\dot{\omega}_m}{a} \cdot \eta_S = \frac{F_r}{M_e \cdot \eta_M} \quad [m^{-1}] \qquad \eta_S = \omega_e/\omega_m \quad (9)$$

Im durchgekuppelten Zustand ist $\eta_S = 1$, $\omega_m = \omega_e$.
Für alle Daten der Kraftübertragung, die mit der Fahrleistung zusammenhängen, beschreibt die Wandlung (i/r) vollständig die Zuordnung von Motor zu Fahrzeug. Erst wenn es an die Verteilung der Aufgaben innerhalb der Kraftübertragung selbst geht, gewinnen die Faktoren, aus denen die Wandlung zusammengesetzt ist, Bedeutung:

— variable Übersetzung im Schaltgetriebe (i_g),

— feste Übersetzungen i_f. Sie sind meist im Achsgetriebe und bei Nkw häufig zusätzlich auch als Radgetriebe angeordnet. Zwei wählbare „feste" Übersetzungen finden sich manchmal in Verteilergetriebe oder Schaltachse (nur in Spezialfahrzeugen vorhanden),

$$\frac{i}{r} = \frac{i_g \cdot i_f}{r} \quad (10)$$

Die Fahrgleichungen (7) bzw. (8) sind Gleichgewichtsbedingungen für die im Antriebsstrang wirkenden Kräfte. Durch Multiplikation mit der Fahrgeschwindigkeit v wird daraus die Gleichung für die Fahrleistung. Mit

$$i/r \cdot v = \omega_e \quad \text{und} \quad P_e \cdot \eta = (M_m - J_m \cdot \dot{\omega}_m) \frac{i}{r} \cdot \eta_M \cdot v$$

$$P_e \cdot \eta = m \cdot g \, (f_R \cdot \cos\alpha + \sin\alpha + \kappa \cdot a/g) \cdot v + c_w \, (\rho/2) \cdot A \cdot v^3 \qquad (11)$$

Die Höhe der möglichen Maximalgeschwindigkeit wird bei gegebenen Widerständen nur von der Höhe der maximalen Motorleistung bestimmt, während die zur Überwindung großer Steigungen erforderliche hohe Zugkraft auch schon bei kleiner Leistung immer bereit gestellt werden kann.
Die in der Fahrgleichung auftretenden Koeffizienten müssen nach Daten des zu berechnenden Fahrzeugs eingesetzt werden.
Für eine erste Überschlagsrechnung kann gesetzt werden:
J_m in kgm², $c_w \cdot A$ in m²

Pkw			Nkw		
$0{,}15 \leq$	J_m	$\leq 0{,}25$	$0{,}5 \leq$	J_m	$\leq 4{,}0$
$0{,}75 \leq$	η_M	$\leq 0{,}90$	$0{,}8 \leq$	η_M	$\leq 0{,}9$
$0{,}012 \leq$	f_R	$\leq 0{,}017$	$0{,}006 \leq$	f_R	$\leq 0{,}015$
$1{,}01 \leq$	κ	$\leq 1{,}04$	$1{,}01 \leq$	κ	$\leq 1{,}03$
$0{,}6 \leq$	$c_w \cdot A$	$\leq 0{,}9$	$2{,}0 \leq$	$c_w \cdot A$	$\leq 9{,}0$

2.2 Aufgaben und Elemente der Kraftübertragung

Aus den Gln. (7) bzw. (8) und aus **Bild 5** lassen sich jetzt die Aufgaben der Kraftübertragung formulieren, deren Elemente nach den **Bildern 6a** und **6b** ganz unterschiedlich angeordnet sein können:

— Übertragung eines steuerbaren Drehmoments bei unterschiedlichen Drehzahlen (Schlupf) im Betriebsgebiet unterhalb der minimalen Motordrehzahl: Drehzahlwandler (Kupplung).
— Variable Wandlung des Eingangsmomentes M_e zur Bewältigung von hohen Steigungen und Beschleunigungen, gemäß $P = M \cdot \omega$ in einer Weise, daß die Leistung P möglichst konstant bleibt: Schaltgetriebe (z. T. auch Verteilergetriebe oder Schaltachse).
— Umkehr der Drehrichtung für Rückwärtsfahrt: Schaltgetriebe.
— Anpassung unterschiedlicher Drehmoment- und Drehzahlniveaus von Motor und Antriebsachsen durch feste Übersetzungen: Achsgetriebe, z. T. auch als Radgetriebe.
— Definierte Verteilung der Antriebsdrehmomente auf alle Antriebsräder und Antriebsachsen auch bei unterschiedlichen Drehzahlen der Räder bei Kurvenfahrt: Differential. Nur nötig, wo mehr als ein Antriebsrad vorhanden ist (weder aus **Bild 5** noch aus den Gln. (7) und (8) erkennbar).
— Vorrichtungen zur Steuerung des Drehmoments bei Schlupf und zur Wahl von Übersetzungen in Getrieben von Hand oder automatisch und zur Änderung der Betriebsweise z. B. Straßen- oder Geländegang, Differentialsperre u. a.: Bedienungselemente.
— Übertragung der zentral erzeugten Motorleistung an die dezentral angeordneten Getriebe und Antriebsräder: Wellen und Gelenke.

Aufgaben und Elemente der Kraftübertragung

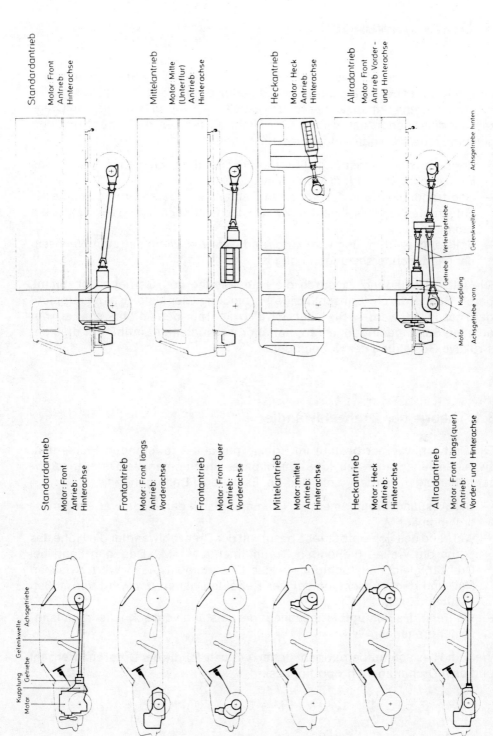

Bild 6: Elemente des Triebstrangs. Motor, Kupplung, Schaltgetriebe, Achsgetriebe, Verteilergetriebe, Gelenke, Wellen

Bild 6a: Anordnungsvarianten des Triebstrangs beim Pkw

Bild 6b: Anordnungsvarianten des Triebstrangs beim Nkw

3 Drehzahlwandler

Der Verbrennungsmotor ist unterhalb seiner Leerlaufdrehzahl nicht betriebsfähig und bleibt bei Belastung stehen, das Fahrzeug aber muß stillstehen oder langsam fahren können. Daher muß zwischen Motor und Fahrzeug ein Drehzahlwandler angeordnet werden. Der Drehzahlwandler, meist nur Kupplung genannt, muß folgende Aufgaben erfüllen können:

— Trennung des Triebstrangs (vollständig oder doch weitgehend) wenn das Fahrzeug bei laufendem Motor hält.
— Übertragung eines in der Höhe vom Fahrer steuerbaren Drehmoments bei unterschiedlicher Drehzahl von Motor und Getriebeeingang (Schlupf) zum Anfahren.
— Vollständige Trennung von Motor und Getriebe, wenn das zum Wechseln der Getriebeübersetzungen nötig ist.

Die letzte Bedingung ist durch die Handhabung von Getrieben bestimmt, deren Gänge durch formschlüssige Verbindungselemente (Klauenkupplungen) geschaltet werden. Sie leitet sich also nicht aus den Anfahr-, sondern nur aus den Schaltbedingungen ab, hat aber wesentlichen Einfluß auf die konstruktive Gestaltung der Kupplungen.

3.1 Theorie der Drehzahlwandler

Ein Drehzahlwandler besteht im Prinzip nur aus 2 rotierenden Elementen, zwischen denen ein in der Höhe einstellbares Drehmoment bei Differenzdrehzahl übertragen werden kann, **Bild 7a**. Es gelten 3 Bedingungen:

— Das Ausgangsdrehmoment M_a ist immer gleich dem negativen Eingangsdrehmoment M_e.
— Während des Schlupfbetriebs bestimmt der Drehzahlwandler die Höhe des durch die Wellen fließenden Drehmoments $M = M_k$. Dagegen kann bei Drehzahlgleichheit (Schlupf =0) das Drehmoment jeden Wert zwischen Null und dem Rutschmoment der Kupplung haben und wird von außen bestimmt $0 \leq M \leq (M_k)_{max}$.
— Während des Schlupfbetriebs fließt die Leistung vom schneller zum langsamer drehenden Teil.

Während des Schlupfbetriebs entstehen Verluste P_v, die der Differenzdrehzahl und dem Drehmoment proportional sind.

$$P_e + P_a + P_v = 0 \qquad M_e + M_a = 0$$

$$M_e \cdot \omega_e + M_a \cdot \omega_a + P_v = 0$$

Theorie der Drehzahlwandler

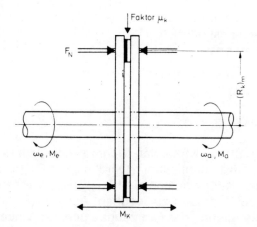

Bild 7: Drehzahlwandler

Bild 7a: Prinzip des Drehzahlwandlers.

F_N Anpreß- (Normal-) Kraft, $(R_k)_m$ mittlerer Reibradius, μ_k Reibwert, ω Winkelgeschwindigkeit, M_k Drehmoment, P Leistung, z_k Anzahl der Reibflächen; Indizes: e Eingang, a Ausgang, v Verlust

$$M_k = F_N \cdot \mu_k \cdot (R_k)_m \cdot z_k$$

Bei Drehzahlgleichheit:
$\omega_e = \omega_a \quad M_e = -M_a \leq M_{k\,max}$
Bei Schlupfbetrieb:
$\omega_e \neq \omega_a \quad M_e = -M_a = M_k$

Bei Schlupf ist immer $M_e = M_k$.

$$P_v = -M_k \cdot (\omega_e - \omega_a) \quad [W] \tag{12}$$

Als Eingang ist immer der schneller drehende Teil verstanden. Die Verlustleistung (weil Ausgangsleistung immer negativ), die während jedes Schlupfbetriebs entsteht, verwandelt sich in Wärme, die, wenn auch zeitweise gespeichert, immer abgeführt werden muß. Die Beherrschung der Temperaturen bestimmt wesentlich die Dimensionierung der Kupplung.
Die Wärmemenge, die während eines Anfahrvorgangs entsteht, läßt sich mit Hilfe der Fahrgleichung (8) berechnen, dabei ist im Fahrzeug:
Eingangsdrehzahl der Kupplung ω_e gleich Motordrehzahl ω_m und Ausgangsdrehzahl der Kupplung ω_a gleich Eingangsdrehzahl des Getriebes ω_e.
Zur Vereinfachung sei angenommen:
Während des Anfahrvorgangs bleiben konstant:

— das Kupplungsmoment M_k = konst. (wird vom Fahrer bestimmt),

- die Winkelgeschwindigkeit der Motorwelle ω_m = konst. (wird vom Fahrer oder automatisch bestimmt),
- die Steigung α = konst..

Wegen der geringen Geschwindigkeit beim Anfahren kann der Luftwiderstand vernachlässigt werden,

$$c_w \cdot (\rho/2) \cdot A \cdot v^2 \approx 0$$

Da die Höhe des im Strang wirkenden Drehmoments während des Anfahrvorgangs vom Drehzahlwandler bestimmt wird, muß in Gl. (8) das Eingangsmoment M_e durch das Kupplungsmoment M_k ersetzt werden. Wandlung und Drehzahlen sind ab Kupplung zu rechnen. Aus Gl. (8) läßt sich dann der Verlauf der Beschleunigung des Fahrzeugs a und der Winkelgeschwindigkeit der Wellen ω als Funktion der Zeit ermitteln:

$$\underbrace{M_k \cdot \frac{i}{r} \cdot \eta_M}_{F_k} - \underbrace{m \cdot g \, (f_R \cdot \cos\alpha + \sin\alpha)}_{F_{R+S}} - \underbrace{m \cdot \kappa \cdot a}_{F_A} = 0$$

$$a = \frac{F_K - F_{R+S}}{m \cdot \kappa}$$

Die Fahrzeugbeschleunigung ist der Quotient aus Überschußkraft an den Antriebsrädern und Fahrzeugmasse. Mit $a = \dfrac{\dot\omega_e}{(i/r)}$

$$\dot\omega_e = \frac{M_k \cdot \eta_M \cdot (i/r)^2}{m \cdot \kappa} - \frac{g}{\kappa} (f_R \cdot \cos\alpha + \sin\alpha) \cdot \frac{i}{r} = k \quad [rad/s^2]$$

Aufgrund der vereinfachenden, aber doch realistischen Annahme ist die Fahrzeugbeschleunigung a und damit die Winkelbeschleunigung der Übertragungswellen während des Anfahrvorgangs konstant.

$$\omega_e = \int_{t=0}^{t=t_s} k \cdot dt + C$$

$t = 0 : \omega_e = 0 \quad C = 0$ Fahrzeugstillstand

$\omega_e = k \cdot t \quad [rad/s]$

$t = t_s : \omega_e = \omega_m$ Ende des Drehzahlschlupfs

$t_s = \dfrac{\omega_m}{k}$ t_S Schlupfzeit

Theorie der Drehzahlwandler

Die Verlustarbeit d. h. die Schlupfwärme wird mit (12)

$$Q_v = - \int_{t=0}^{t=t_s} P_v \, dt = \int_{t=0}^{t=t_s} M_k (\omega_m - k \cdot t) \, dt \qquad (13)$$

$$Q_v = M_k \cdot \omega_m \cdot t_s - M_k \cdot k \cdot t_s^2/2 \quad \text{mit } t_s = \frac{\omega_m}{k}$$

$$Q_v = (M_k \cdot \omega_m^2)/2k$$

$$Q_v = \frac{M_k \cdot m \cdot \kappa \cdot \omega_m^2}{2 \cdot (i/r)^2 [M_k \cdot \eta_M - \frac{m \cdot g}{i/r}(f_R \cdot \cos\alpha + \sin\alpha)]} \quad [J] \qquad (14)$$

Die bei einem Anfahrvorgang entstehende Wärme ist nur dann endlich, wenn die Antriebskraft größer ist als der Fahrwiderstand, hier Roll- und Steigungswiderstand.

$$M_k \cdot (i/r) \cdot \eta_M > m \cdot g(f_R \cdot \cos\alpha + \sin\alpha)$$

Ist dagegen $M_k \cdot (i/r) \cdot \eta_M = m \cdot g(f_R \cdot \cos\alpha + \sin\alpha)$,

dann geht $Q_v \to \infty$, es kann nicht angefahren werden.

Wenn $M_k \cdot (i/r) \cdot \eta_M < m \cdot g(f_R \cdot \cos\alpha + \sin\alpha)$,

kann ebenfalls nicht angefahren werden, ω_a bzw. a werden negativ, der Wagen rollt zurück.

Bei Vernachlässigung des Rollwiderstands, $f_R = 0$, wird nach Gl. (8)

$$\frac{M_k \cdot \eta_M}{m \cdot g} = \frac{\sin\alpha_{max}}{(i/r)_{max}}$$

eingesetzt in Gl. (14)

$$Q_v \approx \frac{m \cdot \kappa \cdot \omega_m^2}{2 \cdot \left(\frac{i}{r}\right)^2 \eta_M \left[1 - \frac{(i/r)_{max} \cdot \sin\alpha}{(i/r) \cdot \sin\alpha_{max}}\right]} \quad [J]$$

Die Wärme beim Anfahren wird ein Minimum für:

$\omega_m = (\omega_m)_{min}$ kleinste Arbeitsdrehzahl des Motors
$(i/r) = (i/r)_{max}$ größte Wandlung im Getriebe, d. h. 1. Gang
$\sin\alpha \leq 0$ Ebene oder Gefälle

Die minimale Anfahrverlustarbeit ist daher in der Ebene, $\sin\alpha = 0$

$$(Q_v)_{min} \approx \frac{m \cdot \kappa \cdot (\omega_m)^2_{min}}{2 \cdot (i/r)^2_{max} \cdot \eta_M} \approx \frac{m \cdot v^2_{min}}{2} \quad [J] \tag{15}$$

Die Verlustarbeit beim Anfahren ist also immer größer als die kinetische Energie, die dem Fahrzeug erteilt wird.

In **Bild 7b** ist der Einfluß der Einzelfaktoren ω_m, (i/r), $\sin\alpha$ dargestellt, wobei immer nur einer verändert und die anderen bei ihrem Optimum gehalten werden. Zur besseren Darstellung des Einflusses der Steigung ist angenommen, daß mit der maximalen Wandlung gerade die Steigung 44% $\hat{=} \sin\alpha = 0{,}4$ gefahren werden kann, andere Grenzsteigungen erfordern eine Umrechnung. Die Veränderung der Verlustarbeit ist durch Bezug auf Gl. (15) dimensionslos gemacht.

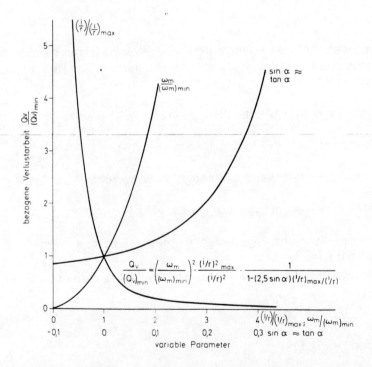

Bild 7b: Drehzahlwandler, bezogene Verlustarbeit (Wärme) beim Anfahren
ω_m Winkelgeschwindigkeit des Motors
(i/r) Wandlung, vom Getriebegang abhängig
$\sin\alpha \approx \tan\alpha$ Steigung. Als Grenzsteigung sind 44%, d. h. $\sin\alpha = 0{,}4$, zugrunde gelegt.
Darstellung:
Einflußgrößen ω_m dann (i/r) = $(i/r)_{max}$; $\alpha = 0$
               (i/r)   dann ω_m = $(\omega_m)_{min}$; $\alpha = 0$
               α dann (i/r) = $(i/r)_{max}$; $\omega_m = (\omega_m)_{min}$

Theorie der Drehzahlwandler 37

Da ω_m und (i/r) Größen sind, die der Fahrer meist selbst bestimmen kann, soll an zwei Zahlen-Beispielen für Pkw und Lkw, bei denen einmal mit niederer Drehzahl und hoher Wandlung und das andere Mal mit hoher Drehzahl und niederer Wandlung angefahren wird, ein Begriff von ihrer Bedeutung gegeben werden:

Mit Gl. (14) und den Annahmen $f_R \approx 0$, $\alpha = 0$, $\eta_M = 0{,}9$ wird

1.   Pkw   m = 2 000 kg;

a) $(i/r)_{II} = 25{,}2 \text{ m}^{-1}$ (2. Gang); $\omega_m = 200$ rad/s; $\kappa = 1{,}02$

$$(Q_v)_{II} = \frac{200^2 \cdot 2\,000 \cdot 1{,}02}{2 \cdot (25{,}2)^2 \cdot 0{,}9} = 71\,387 \text{ J}; \; t_s = 3{,}0 \text{ s}$$

b) $(i/r)_I = 40{,}2 \text{ m}^{-1}$ (1. Gang); $\omega_m = 100$ rad/s; $\kappa = 1{,}04$

$$(Q_v)_I = \frac{100^2 \cdot 2\,000 \cdot 1{,}04}{2 \cdot (40{,}2)^2 \cdot 0{,}9} = 7\,151 \text{ J}; \; t_s = 0{,}6 \text{ s}$$

2.   Lkw   m = 20 000 kg;

a) $(i/r)_{II} = 58{,}3 \text{ m}^{-1}$ (2. Gang); $\omega_m = 150$ rad/s; $\kappa = 1{,}0$

$(Q_v)_{II} = 73\,553$ J; $t_s = 2{,}2$ s

b) $(i/r)_I = 101{,}3 \text{ m}^{-1}$ (1. Gang); $\omega_m = 100$ rad/s; $\kappa = 1{,}02$

$(Q_v)_I = 11\,044$ J; $t_s = 0{,}5$ s

Die großen Unterschiede der Verlustarbeit zeigen nicht nur, wie wichtig es ist, daß der Fahrer niedere Drehzahl und den untersten Gang (wenigstens bei Pkw und Lkw mit voller Ladung) wählt, sondern weisen darauf hin, daß bei der Auslegung der größten Getriebewandlung u. U. auch der Anfahrvorgang mit berucksichtigt werden muß.

3.2 Ausführungsbeispiele von Drehzahlwandlern (Anfahrkupplung)

Das einfache Prinzip läßt viele Möglichkeiten der technischen Realisierung zu:

— Reibungskupplung,
— Hydrostatische Kupplung,
— Hydrodynamische (Föttinger-)Kupplung (Wandler),
— Magnetpulverkupplung,
— Elektrodynamische Kupplung,
— Elektromagnetkupplung,
— Viskosekupplung.

Viele der genannten Versionen sind auch im Fahrzeug schon als Anfahrkupplung versucht worden, doch haben sich nur zwei Arten von Drehzahlwandlern behauptet, die Reibungskupplung und das hydrodynamische oder Föttinger-Getriebe als Wandler oder Kupplung. Allein diese beiden Systeme sollen im folgenden beschrieben werden. Wegen der großen Verwandtschaft, aber auch, weil der Föttinger-Wandler meist auch nur als Anfahrhilfe benutzt wird, werden hier hydrodynamische Kupplung und hydrodynamischer Wandler gemeinsam behandelt.

3.2.1 Reibungskupplung, Bild 8

Bei der Coulomb'schen Reibung steht die durch Reibung übertragene Kraft senkrecht zur Normalkraft, der sie proportional ist. Der Proportionalfaktor ist der Reibwert μ_k. Bei der Reibungskupplung reiben kreisförmige Scheiben, die zusammengepreßt werden, aufeinander. Das Kupplungsdrehmoment ist gegeben durch

$$M_k = F_N \cdot \mu_k \cdot z_k \cdot (R_k)_m \tag{16}$$

$$F_N = p_k \cdot A_k$$

Da die Reibfläche ein Kreisring ist, ergibt sich der exakte mittlere Reibradius aus der Bedingung, daß der Anpreßdruck überall gleich ist.

$$\begin{aligned} dM_k &= \mu_k \cdot p_k \cdot z_k \cdot R \cdot dA_k \quad \text{mit} \quad dA_k = 2\pi R \cdot dR \\ &= \mu_k \cdot p_k \cdot z_k \cdot 2\pi R^2 \cdot dR \end{aligned}$$

$$M_k = \int_{(R_k)_i}^{(R_k)_a} \mu_k \cdot p_k \cdot z_k \cdot 2\pi \cdot R^2 \cdot dR$$

$$M_k = \mu_k \cdot p_k \cdot z_k \cdot \frac{2}{3} \pi R^3 \Big|_{(R_k)_i}^{(R_k)_a}$$

mit $F_N = p_k \cdot \pi \left[(R_k)_a^2 - (R_k)_i^2 \right]$

Ausführungsbeispiele von Drehzahlwandlern (Anfahrkupplung)

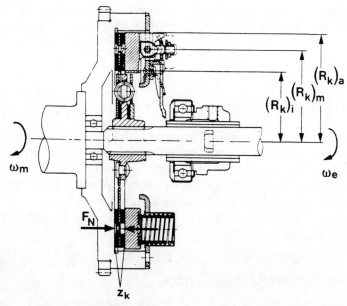

Bild 8: Anfahr- und Schaltkupplung für Kraftfahrzeuge, Prinzip
F_N Anpreßkraft, z_k Anzahl der Reibflächen,
ω_m Winkelgeschwindigkeit der Kurbelwelle = Kupplungseingang
ω_e Winkelgeschwindigkeit am Kupplungsausgang = Getriebeeingang
Reibfläche: $(R_k)_i$ Innenradius
$(R_k)_m$ mittlerer Reibradius
$(R_k)_a$ Außenradius

$$M_k = F_N \cdot \mu_k \cdot z_k \cdot \frac{2}{3} \frac{(R_k)_a^3 - (R_k)_i^3}{(R_k)_a^2 - (R_k)_i^2}$$

$$(R_k)_m = \frac{2}{3} \frac{(R_k)_a^3 - (R_k)_i^3}{(R_k)_a^2 - (R_k)_i^2} \tag{17}$$

Häufig wird der mittlere Reibradius angenähert mit der Bedingung, daß er die Gesamtfläche in zwei gleiche Teile teilt.

$$\pi [(R_k)_a^2 - (R_k)_m^2] = \pi [(R_k)_m^2 - (R_k)_i^2]$$

$$(R_k)_m = \sqrt{\frac{(R_k)_a^2 + (R_k)_i^2}{2}} \tag{18}$$

Und schließlich die einfachste, aber auch gröbste Annäherung

$$(R_k)_m \approx \frac{(R_k)_a + (R_k)_i}{2} \tag{19}$$

Die Näherungen weichen umso weniger vom exakten Wert ab, je schmäler die Reibfläche ist. Ein Beispiel: $(R_k)_a = 0{,}15$ m, $(R_k)_i = 0{,}12$ m

nach (17) $\quad (R_k)_m = 0{,}1356$ m
nach (18) $\quad (R_k)_m = 0{,}1358$ m
nach (19) $\quad (R_k)_m = 0{,}1350$ m

Da — wie später noch begründet — handgeschaltete Getriebe außerordentlich negativ auf Restreibung einer geöffneten Kupplung reagieren, arbeiten nahezu alle Fahrzeuggetriebe mit trockener Reibung.
Die Reibbeläge, von Spezialfirmen nach eigenen Rezepten hergestellt, waren meist eine Mischung organischer Materialien mit Asbest.
Heute werden asbestfreie Reibmaterialien angestrebt, da die Asbestverarbeitung gesundheitsgefährdend ist.

Reibwert, trocken μ_k $\qquad\qquad 0{,}2 \leq \mu_k \leq 0{,}4$

Zulässige spezifische Pressung p_k [MPa]

bei Pkw-Kupplungen $\qquad\qquad 0{,}2 \leq p_k \leq 0{,}5$
bei Nkw-Kupplungen $\qquad\qquad 0{,}15 \leq p_k \leq 0{,}25$

Zulässige spezifische Reibarbeit der Beläge beim Anfahren q [MJ/m^2]

Pkw-Kupplung mittel $\qquad 0{,}5 \leq q \leq 1{,}0$
$\qquad\qquad\qquad$ maximal $\qquad 2{,}0 \leq q \leq 5{,}0$
Nkw-Kupplung mittel $\qquad 0{,}2 \leq q \leq 0{,}6$
$\qquad\qquad\qquad$ maximal $\qquad 1{,}0 \leq q \leq 2{,}5$

Zulässige spezifische Reibleistung beim Anfahren w [MW/m^2]

Pkw-Kupplung $\qquad\qquad 0{,}5 \leq w \leq 1{,}5$
Nkw-Kupplung $\qquad\qquad 0{,}5 \leq w \leq 1{,}3$

Temperatur t [°C] nach schwerem Anfahrvorgang

	einmal	mehrfach (Maximum)
Pkw-Kupplung	250	600
Nkw-Kupplung	200	

Reibkupplung — Beschreibung

Die Anfahr- und Schaltkupplung ist in der Regel in das Schwungrad des Motors integriert, das einen wichtigen Teil der Kupplung bildet, **Bild 9a**. An das Schwungrad angeschraubt ist die Kupplungsglocke, die die Druckplatte, die Anpreßfedern und das Hebelwerk mit Ausrücklager beherbergt. Alles läuft mit Motordrehzahl um und bildet die Eingangsseite.
Die Kupplungsscheibe, zwischen Schwungrad und Druckplatte angeordnet, ist — axial verschieblich — über eine Keilverzahnung mit der Getriebeeingangswelle verbunden. Sie bildet für die Kupplung die Ausgangsseite. Die

Ausführungsbeispiele von Drehzahlwandlern (Anfahrkupplung)

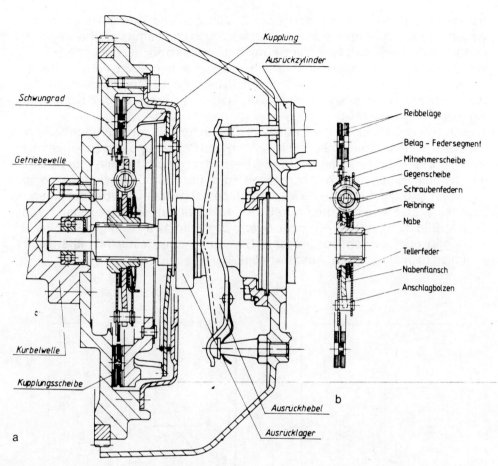

Bild 9: Anfahr- und Schaltkupplung Pkw   LUK Lamellen- und Kupplungsbau

Bild 9a: Querschnitt. Verbindung zwischen Kupplungspedal und Ausrückzylinder über hydrostatisches Gestänge (links)

Bild 9b: Kupplungsscheibe (rechts, verkleinert)

Kupplungsscheibe, **Bild 9b**, ist ein relativ dünnes Stahlblech, auf dem die Reibbeläge, häufig als Segmente, federnd befestigt sind.
Um Geräusche im Zahnradgetriebe zu verhindern, die als Folge der Ungleichförmigkeit des Drehkraftdiagramms der Motoren besonders häufig im Leerlauf auftreten, wird die Kupplungsscheibe meist über einen Torsionsdämpfer mit der Nabe drehelastisch verbunden.
Im Ruhezustand pressen Anpreßfedern, früher immer Schraubenfedern, heute überwiegend Membranfedern, die Druckplatte über die Kupplungsscheibe auf die Schwungradfläche, das ist der Zustand: eingekuppelt.
Zum Auskuppeln wird die Druckplatte vom Fahrer über das Kupplungspeda das über mechanische oder hydrostatische Gestänge auf den Betätigungshe

bel der Kupplung und von dort über Drucklager und Ausrückhebel wirkt, gegen die Kraft der Anpreßfedern zurückgezogen und damit das übertragbare Drehmoment verändert bzw. ganz aufgehoben, Zustand: ausgekuppelt.
Wegen der linearen Federcharakteristik von Schraubenfedern verringert sich deren Anpreßkraft und damit das maximal übertragbare Drehmoment mit der Abnutzung der Reibbeläge, andererseits wächst die erforderliche Kraft beim Auskuppeln an, **Bild 10 a**.
Wesentlich günstiger ist die Kraft/Weg-Charakteristik von Membranfedern, die deshalb heute immer häufiger in Anfahr- und Schaltkupplungen verwendet werden, **Bild 10 b**. Membranfedern sind besonders geformte Tellerfedern, **Bild 11**, die beim Einbau aus der konischen Form flachgedrückt werden und so die Anpreßkraft erzeugen. Die Membranfeder ist geschlitzt. Über die so entstandenen Zungen kann die Anpreßkraft der Membranfeder entweder durch Druck, **Bild 12 a** (verbreitet), oder durch Zug, **Bild 12 b** (weniger Reibung), verringert oder aufgehoben werden. Bei Verwendung einer Membranfeder entfallen damit besondere Ausrückhebel.

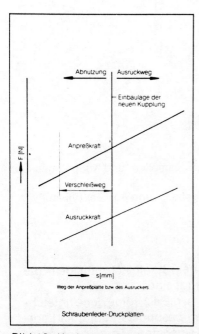

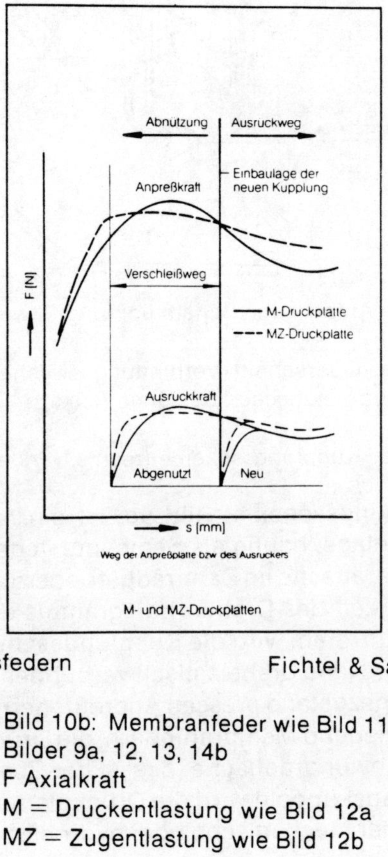

Bild 10: Kraft-Weg-Diagramm von Kupplungsfedern   Fichtel & Sachs

Bild 10a: Schraubenfeder wie Bilder 8 und 14
F Axialkraft

Bild 10b: Membranfeder wie Bild 11 und Bilder 9a, 12, 13, 14b
F Axialkraft
M = Druckentlastung wie Bild 12a
MZ = Zugentlastung wie Bild 12b

Ausführungsbeispiele von Drehzahlwandlern (Anfahrkupplung)

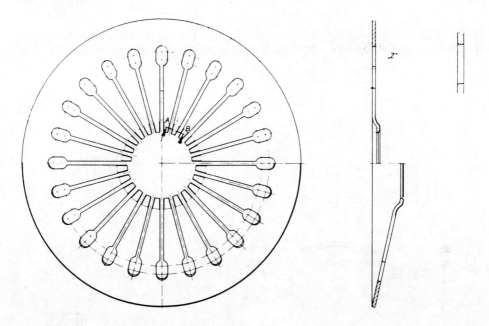

Bild 11: Membranfeder, Ansicht und Schnitt Fichtel & Sachs

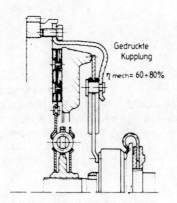
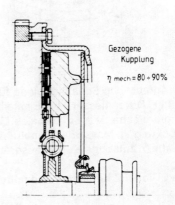

Bild 12: Betätigung von Fahrzeugkupplungen   LUK Lamellen- und Kupplungsbau

Bild 12a: Kupplung wird durch Druck entlastet.

Bild 12b: Kupplung wird durch Zug entlastet.

Kupplungen für Nutzfahrzeuge sind ganz ähnlich aufgebaut, aber natürlich in Bauweise und Größe den härteren Einsatzbedingungen angepaßt, **Bild 13 a**.

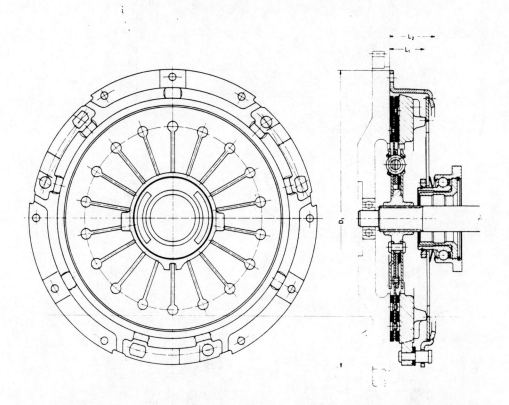

Bild 13: Anfahr- und Schaltkupplung für Nkw Fichtel & Sachs
D_1 größter Durchmesser, L_1 Einstellhöhe der Ausrückhebel, L_2 Bauhöhe über Schwungradfläche, M_{max} maximales Motordrehmoment, F_1 maximale Ausrückkraft, s_1 Ausrückweg, m Masse der Kupplungsdruckplatte, J polares Trägheitsmoment der Druckplatte, n zulässige Kupplungsdrehzahl

Bild 13a: Typ MFZ für leichte und mittelschwere Fahrzeuge

Typ	D_1 (mm)	L_1 (mm)	L_2 (mm)	M_{max} (Nm)	F_1 (N)	s_1 (mm)	m (kg)	J (kgm^2)	n (min^{-1})
MFZ 215	268	36	44	200	1 600	8^{+1}	3,0	0,026	6 500
MFZ 228	265	36	44	250	2 000	8^{+1}	3,3	0,028	6 000
MFZ 280	335	42	53	390	2 500	10^{+2}	9,0	0,140	3 500

Ausführungsbeispiele von Drehzahlwandlern (Anfahrkupplung) 45

Für schwere Einsatzfälle gibt es Doppelkupplungen, **Bild 13 b**. Weiter werden Spezialtypen mit festem, **Bild 14 a**, oder kuppelbarem Anschluß zu einem Nebenantrieb, **Bild 14 b**, angeboten.

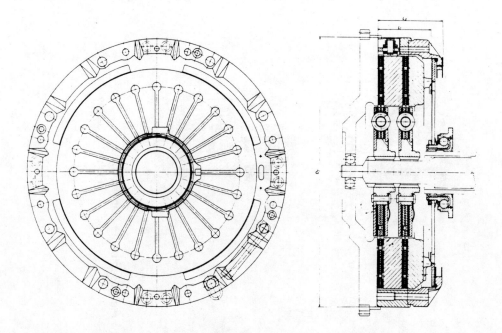

Bild 13b: Typ GMFZ (Doppelkupplung) für schweren Einsatz

Typ	D_1 (mm)	L_1 (mm)	L_2 (mm)	M_{max} (Nm)	F_1 (N)	s_1 (mm)	m (kg)	J (kgm²)	n (min⁻¹)
GMFZ 2/190	237	47	58	250	1700	$7,5^{+1}$	4,56	0,032	6500
GMFZ 2/215	261	58,5	69	400	2200	$7,5^{+1}$	7,45	0,064	6500
GMFZ 2/350	406	90	108	1300	4300	14^{+2}	43	1,000	2800
GMFZ 2/380	446	92	110	2000	4800	14^{+2}	56	1,570	2800

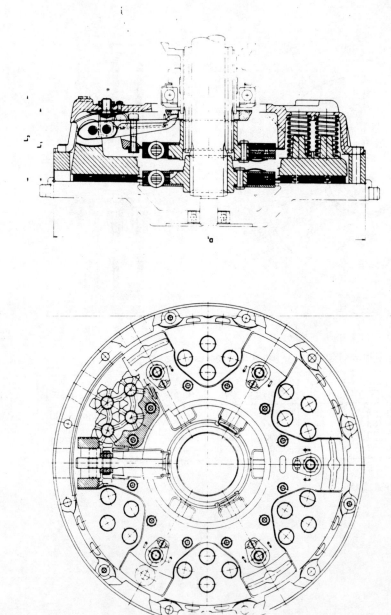

Bild 14: Anfahr- und Schaltkupplung für Nkw mit Anschluß für Nebenantrieb
Fichtel & Sachs

Bezeichnungen wie Bild 13

Bild 14a: Typ GFN mit fester Welle für Nebenantrieb

Ausführungsbeispiele von Drehzahlwandlern (Anfahrkupplung) 47

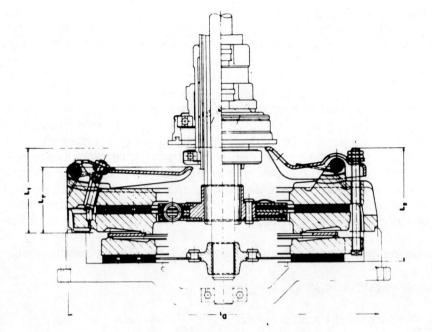

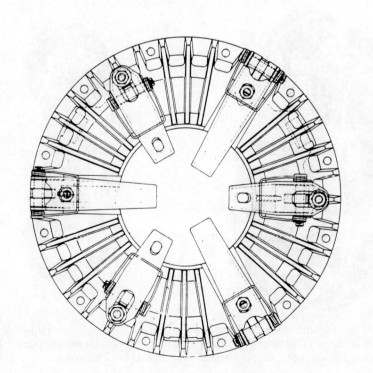

Bild 14b: Typ DuT mit schaltbarer Welle für Nebenantrieb

3.2.2 Föttinger-Kupplung (Wandler)

Da Föttinger-Kupplungen und -Wandler (Sammelbegriff: Föttinger-Getriebe) nur noch in Sonderfällen in Verbindung mit handgeschalteten Getrieben verwendet werden, sollen sie hier nur kurz behandelt werden. Sie haben dagegen eine große Bedeutung bei automatischen Getrieben.

Föttinger-Getriebe, **Bild 15**, sind Strömungsgetriebe, bei denen die mechanische Eingangsleistung durch eine Kreiselpumpe in den Massenstrom eines flüssigen Mediums — meist Öl — transformiert und in einer Turbine wieder in die nun gewandelte mechanische Leistung rücktransformiert wird. Die Schaufelräder folgen sich unmittelbar in einem Kreislauf. Der Föttinger-Wandler besteht aus Pumpenrad, Turbinenrad und Leitrad. Das Leitrad (auch Reaktor genannt) ist mit dem Gehäuse verbunden und kann darüber ein Differenzmoment abstützen. Die Föttinger-Kupplung besteht nur aus Pumpenrad und Turbine.

Strömungsgetriebe sind durch zwei charakteristische Größen beschrieben:

Die Leistungszahl $\lambda = f(\nu); \quad \nu = \dfrac{\omega_T}{\omega_P}$

Das Drehmomentverhältnis $\mu = f(\nu) = -\dfrac{M_T}{M_P}$

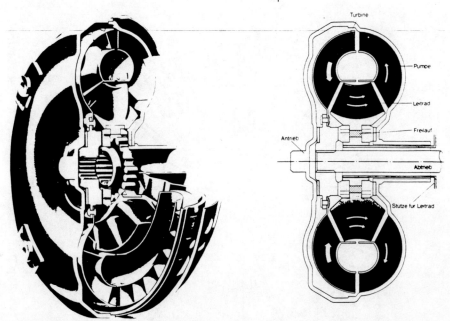

Bild 15: Föttinger-Wandler (Strömungsgetriebe) Fichtel & Sachs
Zweiphasen-Wandler (Trilokprinzip). Pumpenrad, Turbinenrad und Gehäuse in Blechbauweise, Leitrad gegossen, Rollenfreilauf, Wandler ist zusammengeschweißt.

Bild 15a: Schrägansicht Bild 15b: Querschnitt

Beide dimensionslosen Kenngrößen sind eine Funktion des Drehzahlverhältnisses Turbine zu Pumpe $\nu = \omega_T/\omega_P$ und werden in der Regel als vermessene Größen gebauter Typen graphisch angegeben.

Mit der Leistungszahl λ ist die Drehmoment- und Leistungsaufnahme des Föttinger-Getriebes beschrieben:

$$M_P = \lambda \cdot \rho \cdot D^5 \cdot \omega_P^2$$
$$P_P = \lambda \cdot \rho \cdot D^5 \cdot \omega_P^3 \qquad (20)$$

D ist der größte Profildurchmesser des Kreislaufs, ρ die Dichte des Mediums, bei Öl etwa 850 kg/m³. Das Pumpendrehmoment M_P ist der Winkelgeschwindigkeit des Pumpenrades ω_P quadratisch, die Pumpenleistung P_P ist ihr kubisch zugeordnet. Dadurch ist das bei Leerlauf aufgenommene Restmoment relativ klein, aber immer vorhanden, so daß Föttinger-Kupplung oder -Wandler nur in Verbindung mit einer zusätzlichen Trennkupplung bei handgeschalteten Getrieben benutzt werden können. Die quadratische Zuordnung von Drehmoment und Winkelgeschwindigkeit sorgt für stabile Schnittpunkte mit den Linien konstanter Stellgröße des Motors.

Das Momentverhältnis μ ist das (negative) Verhältnis von Drehmoment am Turbinenausgang zu Drehmoment am Pumpeneingang und erlaubt damit die Höhe des Turbinenmoments zu bestimmen. Die Größe μ hat ihr Maximum bei festgebremster Turbine und fällt dann mehr oder minder linear mit steigendem Drehzahlverhältnis Turbine zu Pumpe.

Mit $\quad \eta = -\dfrac{P_T}{P_P} = -\dfrac{M_T \cdot \omega_T}{M_P \cdot \omega_P}$

wird der Wirkungsgrad $\quad \eta = \mu \cdot \nu \qquad (21)$

Der Verlauf des Wirkungsgrads ist parabolisch mit einem Nullpunkt bei $\nu = 0$, Festbremspunkt, einem Scheitel, der selten 90 % übersteigt und einer 2. Nullstelle für $\mu = 0$ (Durchgangsdrehzahl).

Die hydraulische Kupplung, **Bild 16a**, ist ein Drehzahlwandler. Da das Leitrad fehlt, ist das Drehmoment der Turbine immer gleich dem der Pumpe, daher $\mu = 1$. Damit wird der Wirkungsgrad proportional dem Drehzahlverhältnis $\eta = \nu$, was bei jeder Kupplung gilt, also eine Gerade aus dem Koordinatenursprung, die aber im Gegensatz zum Wandler mit Annäherung an das Drehzahlverhältnis $\nu = 1$ Werte über 98 % erreichen kann. Bei dauernd festgehaltener Turbine wird die Kupplung zur Strömungsbremse.

Beim Trilok-Wandler, **Bild 16b**, stützt sich das Leitrad über einen Freilauf am Gehäuse ab. Immer wenn das Drehmomentverhältnis μ unter den Wert eins gehen will und dabei das Stützmoment negativ würde, löst sich das Leitrad und der Wandler ist zur Kupplung geworden, so daß dann deren hohe Wirkungsgrade erreicht werden können.

In den **Bildern 16a** und **16b** ist der Einfluß der Kenngrößen λ und μ auf

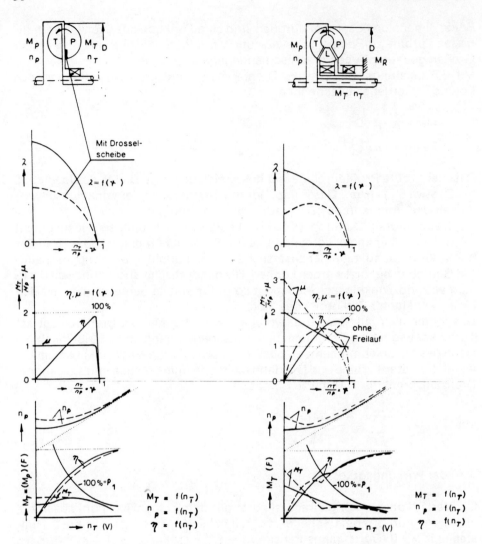

Bild 16: Kennlinien von Föttinger-Getrieben nach Fichtel & Sachs
P Pumpenrad, T Turbinenrad, L Leitrad, D Kreislaufdurchmesser, M Drehmoment, n Drehzahl, F Zugkraft, v Geschwindigkeit, P Leistung, λ Leistungszahl, η Wirkungsgrad, $\nu = n_T/n_P$ Drehzahlverhältnis Turbine zu Pumpe, $\mu = -M_T/M_P$ Drehmomentverhältnis Turbine zu Pumpe
Indizes: P Pumpenrad, T Turbinenrad, R Leitrad

Bild 16 a: Hydraulische Kupplung
(Drehzahlwandler)
Enthält nur Pumpenrad und Turbinenrad, daher ist das Pumpendrehmoment immer gleich dem (negativen) Turbinendrehmoment.

Bild 16 b: Zweiphasen-(Trilok-)Wandler
Am Kupplungspunkt ist das Turbinendrehmoment auf den Wert des Pumpendrehmoments abgefallen, das Leitrad löst sich vo Freilauf und rotiert frei, der Wandler is der Kupplungsphase.

Föttinger-Kupplung (Wandler)

Pumpen- bzw. Motordrehzahl, Turbinendrehmoment und Wirkungsgrad dargestellt.

Die Wandler-Schaltkupplung, **Bild 17**, benutzt die guten Anfahreigenschaften der Föttinger-Getriebe in Verbindung mit einem von Hand geschalteten Getriebe. Um hydraulische Verluste nach dem Anfahrvorgang ganz zu eliminieren, wird der Wandler nach Beendigung des Anfahrvorgangs überbrückt. Für die Getriebeschaltung ist eine besondere Trennkupplung (Reibungskupplung) vorgesehen, die nach dem Wandler angeordnet ist. Der Wandler hat einen eigenen Ölkreislauf mit Ölpumpe und Kühler zur Abfuhr der Verlustwärme, einen Retarder (Strömungsbremse) und einen Gegenfreilauf zur Verbindung von Motor und Getriebe im Schub. Dieser Freilauf stellt auch bei stillstehendem Motor eine mechanische Verbindung zwischen Motor und Antriebsrädern her, wenn bei Steigung der Rückwärtsgang und bei Gefälle ein Vorwärtsgang eingelegt wird. Die Wandler-Schaltkupplung wird in schwere Nutzfahrzeuge eingebaut, um das Anfahren zu erleichtern und die Reibungskupplung von der hohen Anfahrwärme zu entlasten. Ähnliche Einrichtungen in Pkw sind heute zugunsten der automatischen Getriebe fast ganz verschwunden.

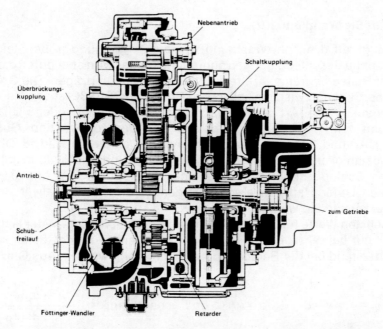

Bild 17: Wandler-Schaltkupplung WSK 400, Ausführung für getrennten Einbau
Zahnradfabrik Friedrichshafen
Zweiphasen-Wandler mit Überbrückungskupplung und Schubfreilauf, Strömungsbremse (Retarder), Schaltkupplung für das Schaltgetriebe, schaltbarer Nebenantrieb NMV, eigener Ölkreislauf mit Ölpumpe und Kühler

4 Drehmomentwandler (Getriebe)

Immer wenn die erforderliche Kraft zur Überwindung der Fahrwiderstände größer ist als das Eingangsmoment, geteilt durch den Radius der Antriebsräder, muß das Drehmoment gewandelt (vergrößert) werden. In der Fahrgleichung (7) war das durch den Faktor (i/r) ausgedrückt. Für die Getriebekonzeption ist es zunächst notwendig, die erforderlichen Grenzen, in denen die Wandlung (i/r) variiert werden muß, zu ermitteln.

4.1 Grenzen der erforderlichen Wandlung

Es gibt sowohl physikalische als auch praktische Grenzen, die beide nicht übereinzustimmen brauchen. Die Kenntnis der physikalischen Grenzen hilft bei der Bestimmung des sinnvollen Bereichs.

4.1.1 Größte Wandlung (i/r)$_{max}$

Hohe Zugkraft, d. h. hohe Wandlung, wird zur Bewältigung großer Steigungen und für hohe Beschleunigungen gebraucht. Beides wird aber durch die Fähigkeit der Reifen begrenzt, Kräfte auf die Straße zu übertragen. Die Größe der Kraftübertragung zwischen rollendem Reifen und Straße ist sowohl von der Straßenoberfläche (Art des Belags, Feuchtigkeit, Schnee- oder Eisglätte) als auch von den Reifen der Antriebsräder (Art der Konstruktion, Gummimischung, Art und Tiefe des Profils, Reifendruck) abhängig, **Bild 18**. Die Übertragungsfähigkeit ist bei Stillstand zunächst null und wächst dann mit zunehmendem Schlupf schnell an, um bei einem Schlupf um 15 % ihr Maximum zu erreichen. Unter ‚Haftgrenze' soll im folgenden dieser Maximalwert des Reibwerts μ_r verstanden werden.

Die höchsten Werte für Steigfähigkeit und Beschleunigung an der Haftgrenze werden nur bei sehr kleinen Fahrgeschwindigkeiten erreicht, daher kann der Luftwiderstand bei der Berechnung vernachlässigt werden. Aus Gln. (8) und (9) wird mit

$$\eta_s = 1; \quad v = 0; \quad \dot{\omega}_m/a = (i/r) \quad \text{und} \quad \cos\alpha + \sin\alpha = \frac{1 + \tan\alpha}{\sqrt{1 + \tan^2\alpha}}$$

$$M_m \cdot \frac{i}{r} \cdot \eta_M - J_m \cdot \eta_M \cdot \left(\frac{i}{r}\right)^2 \cdot a = m \cdot g \, \frac{f_R + \tan\alpha}{\sqrt{1 + \tan^2\alpha}} + m \cdot \kappa \cdot a \quad (22)$$

Die maximale Zugkraft, die von der Art des Fahrzeugs, seines Antriebs und der Haftung zwischen Reifen und Straße bestimmt wird, kann sowohl zur Überwindung einer Steigung als auch zur Beschleunigung verwendet werden. Die beiden Grenzwerte werden gewonnen durch

Grenzen der erforderlichen Wandlung

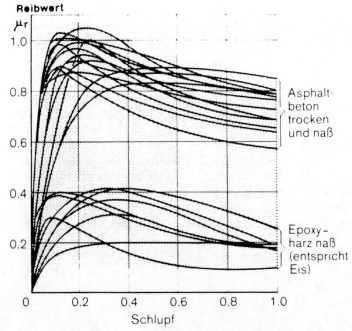

Bild 18: Reibwert μ_r über Schlupf zwischen Reifen und Fahrbahn bei 50 km/h
nach Panik
Parameter: Reifenart, Sturzwinkel, Schräglaufwinkel, Fahrbahnzustand

— maximale Steigung wenn Beschleunigung $a = 0$
— maximale Beschleunigung wenn Steigung $\alpha = 0$

Wandlung für maximale Steigfähigkeit

$$M_m \cdot \eta_M \cdot \frac{i}{r} = m \cdot g \, (f_R \cdot \cos\alpha + \sin\alpha)$$

$$\left(\frac{i}{r}\right)_{\alpha_{haft}} = \frac{m \cdot g}{M_m \cdot \eta_M} \cdot \frac{f_R + \tan\alpha_{haft}}{\sqrt{1 + \tan^2\alpha_{haft}}} \quad [m^{-1}] \qquad (23)$$

Der Tangens des Steigungswinkels wurde nur eingeführt, weil es üblich ist, Steigungen in %, also in $\tan\alpha \cdot 100\,\%$, anzugeben. Beziehungen für $\tan\alpha_{haft}$ werden später bei der Untersuchung der einzelnen Fälle genannt. Offenbar gibt es immer eine Wandlung (i/r), mit der die von der Haftung bestimmte Maximalsteigung auch gefahren werden kann.

Wandlung für maximale Beschleunigung

$$M_m \cdot \eta_M \cdot \frac{i}{r} - J_m \cdot \eta_M \cdot \left(\frac{i}{r}\right)^2 \cdot a = m \cdot g \cdot f_R + m \cdot \kappa \cdot a$$

$$\left(\frac{i}{r}\right)_{a_{haft}} = \frac{M_m}{2 \cdot J_m \cdot a_{haft}} \pm \sqrt{\frac{M_m^2}{4 J_m^2 \, a_{haft}^2} - \frac{m \cdot g \, (f_R + \kappa \cdot (a/g)_{haft})}{J_m \cdot \eta_M \cdot a_{haft}}} \quad [m^{-1}] \quad (24)$$

Je nachdem, ob die Wurzel positiv, null oder negativ ist, gibt es zwei, eine oder keine Lösung. Der Grund dafür ist aus **Bild 19** zu erkennen. Dort ist über $\omega_o/(i/r) = v$, (konstanter Motorbetriebspunkt) die Maximalbeschleunigung aufgetragen. Sie steigt mit abnehmendem v, also wachsendem (i/r) zunächst wie erwartet an, erreicht dann aber ein Maximum, um mit weiter wachsendem (i/r) wieder gegen Null abzufallen. Für zwei Fahrzeuge sind die Grenzen $(a/g)_{haft}$, die sich durch den Kraftschluß der Reifen ergeben, eingetragen. Im Falle des hier gezeigten Fahrzeugs mit Heckantrieb gibt es keinen Wert (i/r), mit dem diese Grenze erreicht werden könnte, bei dem Fahrzeug mit Frontantrieb ste-

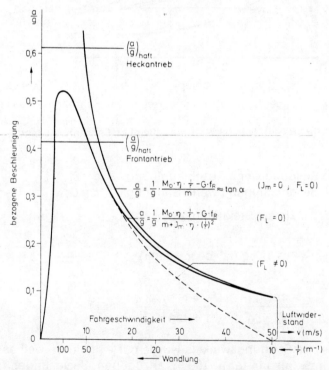

Bild 19: Abhängigkeit der bezogenen Fahrzeugbeschleunigung a/g von der Wandlung (i/r) bzw. Geschwindigkeit v für konstanten Motorbetriebspunkt, hier maximale Leistung P_o
Einflußgrößen:
Polares Trägheitsmoments des Motors J_m; Luftwiderstand F_L
Beispiel: $M_o = 200$ Nm; $\omega_o = 500$ rad/s; $J_m = 0{,}2$ kgm²;
$m_1 = 1500$ kg; $f_R = 0{,}015$; $(\rho/2) \cdot c_w \cdot A = 0{,}5$ kg m; $\eta = 0{,}8$;
$\psi_1 = 0{,}5$; $\xi_1 = 0{,}2$; $\kappa = 1{,}0$

Grenzen der erforderlichen Wandlung 55

hen zwei Werte zur Auswahl, wobei in der Regel der größere gewählt wird. Der Grund für die Umkehr der Kurve liegt an dem wachsenden Anteil der Leistung, den der Motor zur Eigenbeschleunigung seiner rotierenden Massen (J_m) abzweigt, so daß mit steigendem (i/r) immer weniger für die Fahrzeugbeschleunigung übrig bleibt. Für die Praxis heißt das, daß ein hoch übersetzter 1. Gang, z. B. ein Kriechgang bei einem Lkw, nicht auch die höchste Beschleunigung geben muß.

Wenn während des Anfahrvorgangs bei schlupfender Kupplung die Motordrehzahl konstant bleibt, obwohl der Wagen beschleunigt, wird in Gl. (22) das Glied mit J_m null und es gilt ähnlich Gl. (23)

$$\left(\frac{i}{r}\right)_{a_{haft}} = \frac{m \cdot g \, [f_R + (a/g)_{haft}]}{M_m \cdot \eta_M} \qquad \text{wenn } \omega_m = \text{konst.}$$

In den Fällen, in denen die Haftgrenze nicht ausgenutzt werden kann (keine Lösung von Gl. (24)), ergibt sich die größtmögliche Beschleunigung durch Ableiten der Gl. (22) ($\alpha = 0$) und Nullsetzen:

$$\frac{da}{d(i/r)} = 0$$

$$\left(\frac{i}{r}\right)_{a_{max}} = \frac{m \cdot g \cdot f_R}{M_m \cdot \eta_M} \cdot \left[1 + \sqrt{1 + \frac{M_m^2 \cdot \eta_M \cdot \kappa}{m \cdot g^2 \cdot f_R^2 \cdot J_m}}\right] \quad [m^{-1}] \qquad (25)$$

oder vereinfacht $f_R = 0$

$$\left(\frac{i}{r}\right)_{a_{max}} \approx \sqrt{\frac{m \cdot \kappa}{J_m \cdot \eta_M}} \quad [m^{-1}] \qquad (26)$$

4.1.2 Größte Steigfähigkeit und Beschleunigung für typische Fahrzeugkonzeptionen

4.1.2.1 *Fahrzeuge mit Allradantrieb,* **Bild 20**

Wenn der Reibwert μ_r an allen Rädern gleich angenommen wird, ergibt sich mit der Normalkraft $F_N = m \cdot g \cdot \cos\alpha$ die größte Zugkraft, die zur Überwindung der Fahrwiderstände auf den Boden gebracht werden kann, zu

$$\mu_r \cdot m \cdot g \cdot \cos\alpha \geq m \cdot g(f_R \cdot \cos\alpha + \sin\alpha) + m \cdot \kappa \cdot a$$

$$\mu_r \geq f_R + \tan\alpha + \frac{a \cdot \kappa}{g \cdot \cos\alpha} \qquad (27)$$

$g \cdot \cos\alpha$ ist die Vertikalkomponente der Fallbeschleunigung g auf die gene

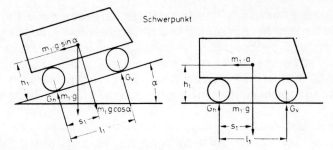

Bild 20: Kräfte am Fahrzeug bei Allradantrieb
m_1 Masse des (Zug-)Fahrzeugs
α Steigungswinkel
G_v Lastanteil der Vorderachse
G_h Lastanteil der Hinterachse
g Fallbeschleunigung

a Fahrzeugbeschleunigung
l_1 Radstand
s_1 Abstand des Schwerpunkts
h_1 Höhe des Schwerpunkts

Bild 20a: Fahrt bei Steigung ohne Beschleunigung

Bild 20b: Fahrt bei Beschleunigung ohne Steigung

Fahrbahn. Steigung und Beschleunigung können nur innerhalb der von μ_r gesetzten Grenzen frei gewählt werden.

1. $a = 0$ $\quad \tan\alpha_{haft} = (\mu_r)_{max} - f_R$

2. $\alpha = 0$ $\quad \left(\dfrac{a}{g}\right)_{haft} = \dfrac{(\mu_r)_{max} - f_R}{\kappa}$ (28)

Mit Ausnahme des Faktors κ, der die rotatorisch beschleunigten Massen des Fahrzeugs (ohne Motor) berücksichtigt, sind die Ausdrücke für Steigung und bezogene Beschleunigung an der Haftgrenze gleich. Der Faktor κ ist umso größer, je größer $(i/r)_n$ ist, aber selten größer als 1,04—1,05. Die Werte für Steigung und Beschleunigung an der Haftgrenze können nun in Gln. (23) bis (26) eingesetzt und so die erforderliche Wandlung berechnet werden.
Soll bei einer vorgegebenen Steigfähigkeit die Resthaftung voll für die Beschleunigung ausgenutzt werden, so sind $\tan\alpha$ und a mit Gl. (27) in Einklang zu bringen und dann in Gl. (22) einzusetzen, um das erforderliche $(i/r)_{max}$ auszurechnen.

4.1.2.2 Fahrzeuge mit Einachsantrieb, Bild 21

Hier sind Schwerpunktslage und Antriebsart von großer Bedeutung.

Größte Steigfähigkeit, $a = 0$ und $v \approx 0$.

$G_t = m \cdot g \, (\psi_1 \cdot \cos\alpha \pm \xi_1 \cdot \sin\alpha)$

$\mu_r \cdot G_t = F_{...} = m \cdot g \cdot f_R \cdot \cos\alpha + m \cdot g \cdot \sin\alpha$

Grenzen der erforderlichen Wandlung

$$\tan\alpha = \frac{\mu_r \cdot \psi_1 - f_R}{1 \pm \mu_r \cdot \xi_1} \qquad \begin{array}{l} + \text{ Frontantrieb} \\ - \text{ Heckantrieb} \end{array} \qquad (29)$$

$$\xi_1 = \frac{h_1}{l_1} \qquad \psi_1 = \frac{l_1 - s_1}{l_1}$$

ψ_1 und ξ_1 sind nicht nur von der Konzeption, sondern auch vom Ladungszustand des Fahrzeugs abhängig. Mit dem Maximalwert des Reibbeiwerts $\mu_r = (\mu_r)_{max}$ ergibt sich dann auch der Höchstwert der Steigung

$$\tan\alpha_{haft} = \frac{(\mu_r)_{max} \cdot \psi_1 - f_R}{1 \pm (\mu_r)_{max} \cdot \xi_1}$$

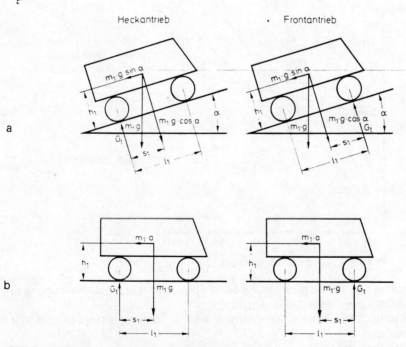

Bild 21: Kräfte am Fahrzeug bei Einachsantrieb
Bezeichnungen wie Bild 20, G_t Lastanteil der getriebenen Achse

Bild 21a: Fahrt bei Steigung ohne Beschleunigung

Bild 21b: Fahrt bei Beschleunigung ohne Steigung

Beschleunigung an der Haftgrenze, $\alpha = 0$ und $v \approx 0$.

$$G_t = m \cdot g \left(\psi_1 \pm \xi_1 \frac{a}{g} \right)$$

$$\mu_r \cdot G_t = m \cdot g \left(f_R + \frac{a \cdot \kappa}{g} \right)$$

$$\left(\frac{a}{g} \right)_{haft} = \frac{(\mu_r)_{max} \cdot \psi_1 - f_R}{\kappa \pm (\mu_r)_{max} \cdot \xi_1} \tag{30}$$

Auch hier bestimmt der größte Haftbeiwert die höchstmögliche Beschleunigung. Die Ausdrücke für die Steigung und Beschleunigung unterscheiden sich nur durch den Faktor κ. Wird er gleich 1 gesetzt, was keinen großen Fehler ergibt, so läßt sich für die Steigfähigkeit und die Beschleunigung an der Haftgrenze ein gemeinsamer Ausdruck nach Gl. (31) finden:

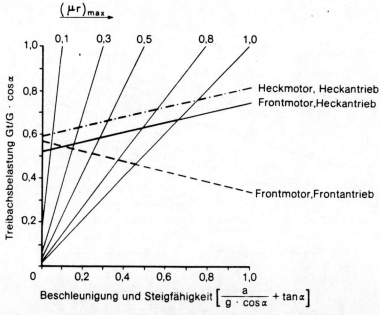

Bild 22: Änderung der Treibachsbelastung bei Steigungsfahrt und Beschleunigung für verschiedene Konfigurationen des Triebstrangs
Beladungszustand: 2 Personen auf den Vordersitzen plus anteiliges Gepäck im Kofferraum (hinten)

G   Fahrzeuggewicht
G_t Lastanteil der getriebenen Achse
a   Beschleunigung
g   Fallbeschleunigung
α Steigungswinkel
$(\mu_r)_{max}$ größter Reibwert zwischen Reifen und Straße

Grenzen der erforderlichen Wandlung

$$\left(\frac{a}{g \cdot \cos\alpha} + \tan\alpha\right)_{haft} = \frac{(\mu_r)_{max} \cdot \psi_1 - f_R}{1 \pm (\mu_r)_{max} \cdot \xi_1} \tag{31}$$

Mit Ausnahme sehr kleiner Werte von $\overset{!}{\mu_r}$ liegen die Grenzwerte für Heckantrieb höher als für Frontantrieb, weil die Kräfteverschiebungen aus Steigung und Beschleunigung bei Heckantrieb zu einer Erhöhung, bei Frontantrieb zu einer Erniedrigung der Treibachsbelastung führen, **Bild 22**.

4.1.2.3 Fahrzeuge mit Anhänger, Bild 23

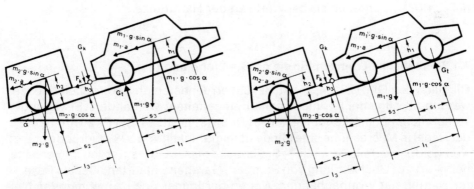

Bild 23: Kräfte am Fahrzeug mit Einachsantrieb beim Ziehen von Einachsanhängern
Bezeichnungen wie Bild 20 und
G_k Deichsellast der Anhängekupplung
F_k Deichselzugkraft an der Anhängekupplung
Indizes: 1 Zugfahrzeug, 2 Anhänger, 3 auf Anhängekupplung bezogen

Noch ausgeprägter werden die Unterschiede der beiden Antriebskonzepte bei Anhängerbetrieb. Die Herleitung der Beziehung geht nach dem gleichen Verfahren vor sich.

$$\left(\frac{a}{g \cdot \cos\alpha} + \tan\alpha\right) = \frac{m_1(\mu_r \cdot \psi_1 - f_R) - m_2\{f_R \pm \mu_r[f_R(\xi_3 + \xi_4 \cdot \psi_3) + \psi_2 \cdot \psi_3]\}}{m_1(1 \pm \mu_r \cdot \xi_1) + m_2\{1 \pm \mu_r[\xi_3 - \psi_3(\xi_2 - \xi_4)]\}} \tag{32}$$

Darin bedeuten m_1 Masse des Zugfahrzeugs, m_2 Masse des Anhängers und

$$\xi_1 = \frac{h_1}{l_1} \; ; \; \xi_2 = \frac{h_2}{l_3} \; ; \; \xi_3 = \frac{h_3}{l_1} \; ; \; \xi_4 = \frac{h_3}{l_3} \; ;$$

$$\psi_1 = \frac{l_1 - s_1}{l_1} \; ; \; \psi_2 = \frac{l_3 - s_2}{l_3} \; ; \; \psi_3 = \frac{s_3 \pm (s_1 - l_1)}{l_1} \; ;$$

+ Frontantrieb des Zugfahrzeugs,

− Heckantrieb des Zugfahrzeugs.

Für $m_2 = 0$, kein Anhänger, ergibt sich die schon abgeleitete Beziehung von Gl. (31).
Für den Lastzug und andere Mehrachsanhänger fällt die Auflagerkraft der Deichsel weg. Unter der Annahme eines horizontalen Deichselzugs werden die Glieder mit ψ_3 zu Null.

$$\left(\frac{a}{g \cdot \cos\alpha} + \tan\alpha\right) = \frac{m_1(\mu_r \cdot \psi_1 - f_R) - m_2 \cdot f_R(1 \pm \mu_r \cdot \xi_3)}{m_1(1 \pm \mu_r \cdot \xi_1) + m_2(1 \pm \mu_r \cdot \xi_3)} \qquad (33)$$

bei $\mu_r = (\mu_r)_{max}$ ergeben sie die Werte an der Haftgrenze.

4.1.3 Praktische Grenzen für die größte Wandlung $(i/r)_{max}$

Die nach den Gln. (23, 24, 25, 31, 32, 33) errechneten physikalischen Grenzen werden im allgemeinen nicht genau eingehalten, weil andere Erwägungen verkehrlicher oder ökonomischer Art Priorität besitzen. Bei Pkw wird heute in der Regel in Meereshöhe eine Mindeststeigfähigkeit von 30 % zugrunde gelegt, weniger für so steile Straßen — Steilstücke dieser Größe werden immer seltener — als zur Überwindung von Rampen, Garageneinfahrten oder als Reserve für Betrieb mit Wohnanhänger. Wegen der immer noch zunehmenden Neigung, in den Ferien mit voll- oder überladenem Gespann nach Süden zu fahren, empfiehlt sich die Auswahl der größten Wandlung oder doch zumindest deren Überprüfung nach den besonderen Fahrbedingungen über die Alpenpässe, vgl. Kap. 4.2.
Bei Nutzfahrzeugen werden die praktischen Grenzen vor allem vom Einsatzzweck der Fahrzeuge bestimmt, der dort sehr unterschiedlich sein kann: Güternahverkehr, Ferntransport, Baustellenfahrzeuge, Kommunalfahrzeuge, Omnibusse für den Personennahverkehr und solche für Urlaubsreisen usw..
Die geforderte Grenzsteigfähigkeit hängt ganz wesentlich von der Transportaufgabe ab und ist bei Fern-Nkw meist kleiner als bei Baustellenfahrzeugen. Bei vielen Einsatzzwecken wird die größte Wandlung aber gar nicht mehr nach Steigfähigkeit und Beschleunigung gewählt, sondern nach der kleinsten Fahrgeschwindigkeit, die noch ohne Kupplungsschlupf gefahren werden soll. Diese kleinste Geschwindigkeit kann von dem Verkehrsfluß oder auch von einer besonderen Arbeit abhängen, Beispiele sind Kehrmaschinen, Müllfahrzeuge, Straßenbaumaschinen u. ä.. Nach Festlegung der unteren Arbeitsdrehzahl des Motors ist dann auch $(i/r)_{max}$ festgelegt. Diese Gänge haben die Bezeichnung „Kriechgänge" oder „Crawler".
Soll z. B. bei einer Motordrehzahl von 105 rad/s (1 000 1/min) noch ohne Schlupf mit der Geschwindigkeit von 1 m/s (3,6 km/h) gefahren werden, so

Grenzen der erforderlichen Wandlung

erfordert das eine Wandlung von $(i/r)_{max} = 105\ m^{-1}$. Weitere Angaben bei den Getriebebeispielen.

4.1.4 Kleinste Wandlung $(i/r)_{min}$

4.1.4.1 Maximalgeschwindigkeit

Auch hier zuerst die physikalische Grenze. Dafür gibt es eine klare Vorgabe:

Das Erreichen der von der installierten Leistung P_o und den Fahrwiderständen bestimmten Maximalgeschwindigkeit in der Ebene, ohne weitere Beschleunigungsmöglichkeit.

Aus Gl. (11) wird mit $\alpha = 0$, $a = 0$ und $P_e = P_o$

$$P_o \cdot \eta - m \cdot g \cdot f_R \cdot v_o - c_w \cdot (\rho/2) \cdot A \cdot v_o^3 = 0 \tag{34}$$

(Zur Erinnerung: Index o für den Betriebszustand „maximale Leistung".).
Das ist eine reduzierte Gleichung 3. Grades

$$x^3 + 3px + 2q = 0$$

mit der Lösung nach der Cardanischen Formel

$$x_1 = \sqrt[3]{-q + \sqrt[2]{q^2 + p^3}} + \sqrt[3]{-q - \sqrt[2]{q^2 + p^3}} \quad [m/s] \tag{35}$$

$$x_1 = v_o;\quad p = \frac{1}{3} \frac{m \cdot g \cdot f_R}{c_w \cdot (\rho/2) \cdot A}\ ;\quad q = -\frac{1}{2} \frac{P_o \cdot \eta}{c_w \cdot (\rho/2) \cdot A}$$

Die erreichbare Maximalgeschwindigkeit v_o läßt sich also ohne Kenntnis der Wandlung errechnen. Zur Bestimmung der dazugehörenden Wandlung $(i/r)_o$ ist dagegen die Winkelgeschwindigkeit der maximalen Leistung aus $P_o = M_o \cdot \omega_o$ erforderlich, damit

$$\left(\frac{i}{r}\right)_o = \frac{\omega_o}{v_o}$$

gebildet werden kann.
Schneller und übersichtlicher als die Rechnung führt die graphische Behandlung zu einem Ergebnis, **Bild 24**.
Wird die um die Verluste reduzierte Motorleistung $P_m \cdot \eta$ über ω_m aufgetragen, so sind damit auch die Maximalleistung $P_o \cdot \eta$ und die dazugehörende Winkelgeschwindigkeit ω_o bekannt. Ebenso wird, am besten im gleichen Diagramm, die Fahrwiderstandsleistung, Ebene und ohne Beschleunigung, die sich aus Gl. (11) ergibt

$$(P_w)_{R+L} = m \cdot g \cdot f_R \cdot v + (\rho/2) \cdot c_w \cdot A \cdot v^3 \tag{36}$$

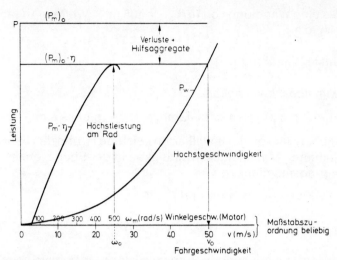

Bild 24: Graphische Ermittlung der Höchstgeschwindigkeit v_o

$P_m \cdot \eta$ Antriebsleistung am Rad
ω_m Winkelgeschwindigkeit des Motors (kein Schlupf)
P_w Fahrwiderstandsleistung
v   Fahrgeschwindigkeit
η Übertragungswirkungsgrad einschließlich Leistungsbedarf für Hilfsaggregate
Index o bezeichnet den Punkt der maximalen Motorleistung.

über der Geschwindigkeit aufgezeichnet. Die Geschwindigkeit, bei der die Fahrwiderstandsleistung gerade so groß ist wie die maximale an den Antriebsrädern zur Verfügung stehende Motorleistung, ist die Maximalgeschwindigkeit v_o und $(i/r)_o$ kann gebildet werden, in **Bild 24** $(i/r)_o = 10$.

4.1.5 Praktische Gesichtspunkte für die kleinste Wandlung

Aber auch die physikalisch definierte Grenze für die kleinste Wandlung, die „Maximalgeschwindigkeit", wird selten genau eingehalten, weil zwei andere Gesichtspunkte, deren Wichtung sich von Fahrzeugmodell zu Fahrzeugmodell, aber auch mit der Zeit ändert, eine größere Bedeutung haben:

— Steigfähigkeit und Beschleunigungsreserve im obersten Gang,
— Kraftstoffverbrauch im obersten Gang.

Beide Kriterien haben deswegen eine besondere Bedeutung, weil in der Regel ein Kraftfahrzeug 85—95 % seiner Betriebszeit im obersten Gang zubringt. Die Untersuchung wird am besten wieder graphisch durchgeführt.

Es sei allgemein $\varphi = \left(\dfrac{i}{r}\right) / \left(\dfrac{i}{r}\right)_o$ φ = Schnellgangfaktor

Grenzen der erforderlichen Wandlung

und damit im obersten Gang

$$\left(\frac{i}{r}\right)_{min} = \varphi \cdot \left(\frac{i}{r}\right)_{o} = \varphi \cdot \frac{\omega_o}{v_o} = \frac{\omega_o}{(v)_{\omega_o}} = \frac{(\omega)_{v_o}}{v_o} \tag{37}$$

$(v)_{\omega_o}$ Fahrgeschwindigkeit bei ω_o
$(\omega)_{v_o}$ Winkelgeschwindigkeit bei v_o

Bei einer gegebenen Fahrgeschwindigkeit v ist die Steigfähigkeitsreserve $\Delta \tan\alpha$ (Beschleunigung a = 0) gegeben durch

$$\Delta \sin\alpha \approx \Delta \tan\alpha = \frac{P_e \cdot \eta - (P_w)_{R+L}}{m \cdot g \cdot v}$$

ebenso die Beschleunigungsreserve Δa (Steigung $\tan\alpha = 0$)

$$\Delta a = \frac{P_e \cdot \eta - (P_w)_{R+L}}{m \cdot \kappa \cdot v}$$

mit $(P_w)_{R+L} = m \cdot g \cdot f_R \cdot v + c_w \cdot (\rho/2) \cdot A \cdot v^3$

Die Überschußleistung $\Delta P = P_e \cdot \eta - (P_w)_{R+L}$ hängt zunächst natürlich von dem Verlauf der Motorvollastkurve über der Drehzahl und von der Höhe des Fahrwiderstandes über v ab, dann aber vor allem von der Größe φ, die die relative Lage beider Leistungslinien zueinander bestimmt, **Bild 25**.
Im Diagramm ist das Motorkennfeld festgehalten und die Fahrwiderstandsleistung für vier Werte von φ eingetragen. Natürlich könnte ebenso die Kurve für die Fahrwiderstandsleistung festgehalten und das Motorkennfeld mit φ variiert werden. Die Bereiche von φ sind wie folgt gekennzeichnet:

$\varphi > 1$ Endgeschwindigkeit v_e größer als Maximalgeschwindigkeit v_o.
Steigfähigkeits- und Beschleunigungsreserve wachsen, Betriebswirkungsgrad wird schlechter, Kraftstoffverbrauch steigt.
Erforderlicher Wandlungsbereich ist reduziert.

$\varphi = 1$ Endgeschwindigkeit gleich Maximalgeschwindigkeit, $v_e = v_o$.
Steigfähigkeits- und Beschleunigungsreserve mittel.
Betriebswirkungsgrad bei Teillast schlecht, relativ hoher Verbrauch.

$\varphi < 1$ Endgeschwindigkeit v_e kleiner als Maximalgeschwindigkeit v_o.
Steigfähigkeits- und Beschleunigungsreserve fallen schnell ab.
Betriebswirkungsgrad steigt anfangs rasch, dann nur noch langsam. Entsprechend sinkt der Kraftstoffverbrauch. Erforderlicher Wandlungsbereich erhöht.

Getriebe, die einen Betrieb längs der Minimalverbrauchslinie (Linie der besten Betriebswirkungsgrade) ermöglichen sollen, erfordern sehr kleine Werte von φ_{min}; meist um 0,5—0,6.

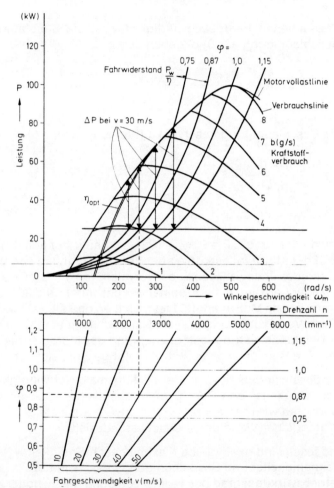

Bild 25: Einfluß des Schnellgangfaktors φ auf die Motorbetriebslinie.

ω_m Winkelgeschwindigkeit des Motors
P_w/η Fahrwiderstandsleistung im Motorkennfeld
ΔP Leistungsreserve bis zur Vollastlinie bei Fahrt mit einer Fahrgeschwindigkeit von v = 30 m/s (108 km/h)
b   zeitlicher Kraftstoffverbrauch
η_{opt} Betriebslinie optimalen Wirkungsgrads

Grenzen der erforderlichen Wandlung

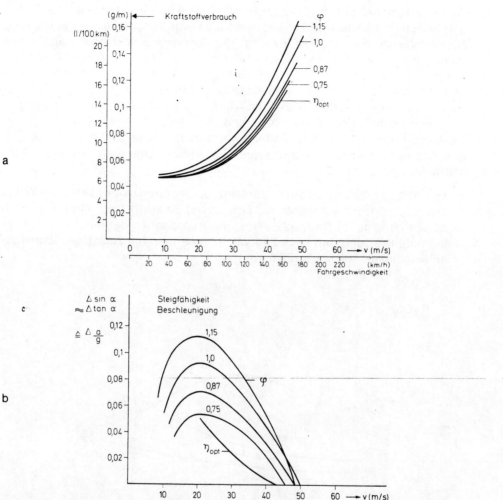

Bild 26: Einfluß des Schnellgangfaktors φ auf das Betriebsverhalten im obersten Gang für den Pkw nach Bild 25.

Bild 26a: Kraftstoffverbrauch in l/100 km und in g/m = kg/km für einen Kraftstoff mit der Dichte 740 kg/m³.

Bild 26b: Steigfähigkeitsreserve $\Delta \sin \alpha \approx \Delta \tan \alpha$ und Beschleunigungsreserve $\Delta a/g$ (auf Fallbeschleunigung bezogen).

In **Bild 26** sind der Kraftstoffverbrauch einerseits und die Steigfähigkeits- und Beschleunigungsreserve andererseits über der Fahrgeschwindigkeit für vier Werte von φ und für einen Betrieb auf der Minimalverbrauchslinie aufgezeichnet.

Fahrzeuge mit geringer Beschleunigungsreserve im obersten Gang, also $\varphi \ll 1$, wirken lahm, und es muß häufig geschaltet werden. Wenn das vom Fahrer a zu lästig empfunden wird, pflegt er solche Gänge bald nicht mehr zu benutzer.

Es leuchtet daher ein, daß die „richtige" Größe von φ nicht allein technisch definierbar ist, sondern daß unterschiedliche Präferenzen der Fahrer in bezug auf Verbrauch und Beschleunigung, die allgemeine Wirtschaftslage sowie Sicherheit und Kosten der Kraftstoffversorgung sehr unterschiedliche Wertungen ergeben können. Im Jahre 1984, zeichnete sich die Tendenz ab, von dem früheren Usus $\varphi = 1{,}1 - 1{,}15$ abzugehen und eher $\varphi = 0{,}85 - 0{,}9$ zu bevorzugen. Getriebe, die die Größe der Wandlung automatisch dem Bedarf anpassen, erleichtern einen solchen Trend.

Bei Nutzkraftwagen, **Bild 27**, gelten zwar prinzipiell die gleichen Überlegungen, doch sind die Entscheidungsspielräume gegenüber dem Pkw sehr eingeschränkt. Gründe sind:

— Geringe spezifische Leistung der Nkw, untere Grenze 4,4 kW/t $\triangleq$ 4,4 W/kg.
— Die Höchstgeschwindigkeit für Lkw ist auf 60 km/h (16,7 m/s) auf Landstraßen und auf 80 km/h (22,2 m/s) auf Autobahnen begrenzt. Nur für bestimmte Kraftomnibusse beträgt auf Autobahnen die zulässige Höchstgeschwindigkeit 100 km/h (27,8 m/s).

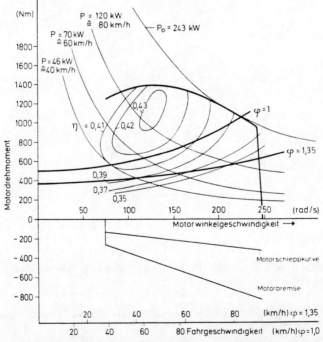

Bild 27: Einfluß des Schnellgangfaktors φ auf das Betriebsverhalten im obersten Gang von Nkw

Bild 27a: Kennfeld eines Nkw-Motors   Daimler-Benz
Drehmoment M über der Motorwinkelgeschwindigkeit ω_m mit Linien konstanter Leistung, konstanten Wirkungsgrads und dem Fahrwiderstand M_w/η eines 38-t-Zugs in der Ebene.

Grenzen der erforderlichen Wandlung

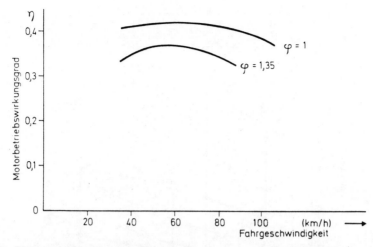

Bild 27b: Motorbetriebswirkungsgrad des Fahrzeugs nach Bild 27a für zwei Werte des Schnellgangfaktors φ.

— Die in Nkw verwendeten Dieselmotoren mit Direkteinspritzung haben sehr hohe Wirkungsgrade (bis 43 %) und die Fahrwiderstandslinie liegt deutlich näher am Optimum.
— Wirtschaftlichkeit hat immer höchste Priorität, besonders also auch niederer Kraftstoffverbrauch. Der häufigere Gangwechsel, der sich schon aus der geringen spezifischen Leistung ergibt, kann von den Berufskraftfahrern leichter erwartet werden.

Da die kleinste Wandlung vor allem von Art und Güte des Motorkennfelds und der Leistungsreserve abhängt, ist in **Bild 27a** ein moderner Nkw-Motor hoher Leistung zugrunde gelegt und in **Bild 27b** gezeigt, um wieviel der Betriebswirkungsgrad des Motors bei vorgegebenen Fahrgeschwindigkeiten durch einen anderen Wert von φ verbessert werden kann. Die Reduzierung von $\varphi = 1{,}35$ auf $\varphi = 1$ ist nur möglich, weil die spezifische Leistung nicht nur 4,4 W/kg, sondern hier 6,4 W/kg beträgt. Damit kann der Betriebswirkungsgrad bei 80 km/h von 35 % auf 41 % und bei 60 km/h von 37 % auf 42,5 % erhöht werden.
Bei Nkw-Motoren, die im oberen Drehzahlbereich auf konstante Leistung geregelt werden, **Bild 27c**, ist $\varphi = 1$ unbestimmt, weil $P_o = 260$ kW im Bereich $1600 \text{ min}^{-1} \leq n \leq 2100 \text{ min}^{-1}$ gefahren werden kann. Daher werden hier Darstellungen, wie in **Bild 27c** gezeigt, benutzt. Oder $\varphi = 1$ wird willkürlich auf die höchste Drehzahl, mit der P_o gefahren werden kann, festgelegt, hier $n_o = 2100 \text{ min}^{-1}$ ($\omega_o = 220$ rad/s).

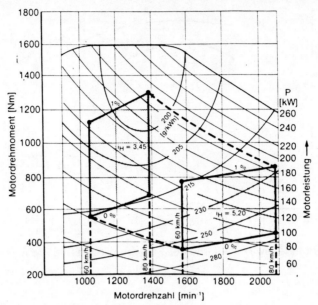

Bild 27c: Kennfeld eines Nkw-Motors, aufgeladen Daimler-Benz
Regelung auf konstante Leistung im Gebiet $1\,600 \leq n \leq 2\,100$ min^{-1}. Der Arbeitsbereich $0 \leq \tan\alpha \cdot 100 \leq 1$ und $60 \leq v \leq 80$ km/h, für einen 38-t-Zug, ist hervorgehoben (Das hier zugrundeliegende Fahrzeug hat aufgrund eines niedrigeren Luftwiderstands eine geringere Fahrwiderstandsleistung als das Fahrzeug von Bild 27a.). Durch Änderung der Hinterachsübersetzung von $i_H = 5{,}20$ auf $i_H = 3{,}45$ kann der spezifische Verbrauch z. B. bei Fahrt in der Ebene mit 80 km/h um 22 % gesenkt werden.

4.2 Wandlungsbereich

Mit den Beziehungen für größte und kleinste Wandlung nach den Gleichungen (23) und (37) ergibt sich dann der erforderliche gesamte variable Wandlungsbereich I; und da sich der Reifenradius r mit der Fahrgeschwindigkeit v meist nur wenig ändert, entspricht das auch dem Übersetzungsbereich des Getriebes.

$$I = \frac{(i/r)_{max}}{(i/r)_{min}} = \frac{(i_g)_{max}}{(i_g)_{min}} = \frac{m \cdot g \cdot (f_R \cdot \cos\alpha + \sin\alpha)}{M_m \cdot \eta_M \cdot (i/r)_{min}} \tag{38}$$

Läßt man für die Abschätzung einige Vereinfachungen zu und bezieht auf den Punkt maximaler Leistung P_o, so ergibt sich ein plausibler und leicht merkbarer Zusammenhang.

Mit $f_R = 0$; $\sin\alpha \approx \tan\alpha$; $M_m = M_o$ folgt

Wandlungsbereich

$$I \approx \frac{m \cdot g \cdot \tan\alpha_{max} \cdot v_o}{M_o \cdot \eta_M \cdot \omega_o \cdot \varphi} = \frac{\tan\alpha_{max} \cdot v_o}{(P/G)_{eff} \cdot \varphi} \tag{39}$$

mit $\dfrac{M_o \cdot \omega_o \cdot \eta_M}{m \cdot g} = \left(\dfrac{P}{G}\right)_{eff}$ effektive spezifische Leistung [W/N]

Gl. (39) stellt für $\varphi = 1$ das Verhältnis der sogenannten Eckleistung zu der verfügbaren Antriebsleistung an den Rädern dar. Die Eckleistung, ein Begriff, der zur Dimensionierung von Elektromotoren oder hydraulischen Aggregaten verwendet wird, ist das Produkt aus größtem Antriebsmoment und höchster Drehzahl bzw. aus größter Kraft und größter Geschwindigkeit.

Der erforderliche variable Wandlungsbereich I wird umso größer, je höher die geforderte Steigfähigkeit $\tan\alpha_{max}$, je größer die Maximalgeschwindigkeit v_o, je kleiner die effektive spezifische Leistung $(P/G)_{eff}$ und je kleiner der Schnellgangfaktor φ ist.

Der Bezug auf den Punkt maximaler Leistung P_o läßt die Drehmomentüberhöhung elastischer Motoren bei kleiner Winkelgeschwindigkeit bei der Getriebeauslegung außer Betracht, sie bildet gewissermaßen eine Anfahr- und Losbrechreserve.

Der hier verwendete Begriff der „effektiven" spezifischen Leistung $(P/G)_{eff}$ soll deutlich machen, daß für deren Größen nur die an den Antriebsrädern im Betrieb tatsächlich auftretenden Werte eingesetzt werden dürfen. Insbesondere müssen berücksichtigt werden:

Bei der Leistung:
  Leistungsbedarf von Nebenantrieben bzw. Hilfsaggregaten,
  Leistungsverluste in der Kraftübertragung,
  Leistungsminderung mit zunehmender Höhe.

Beim Gewicht:
  Volle Zuladung (evtl. Überladung),
  Höchste Anhängelast, mit der die Steigung noch gefahren werden soll.

In der Regel müssen bei der Berücksichtigung von Extremsituationen Abstriche von der möglichen Steigfähigkeit gemacht werden, sonst werden der Wandlungsbereich zu groß und die Getriebe zu aufwendig.

Beispiel: Pkw
Motor $P_o = 100$ kW, Leistung für Hilfsaggregat $P_{hi} = 6$ kW, Übertragungswirkungsgrad $\eta = 0,9$

Zugfahrzeug $m_1 \cdot g = 20\,000$ N; Anhänger $m_2 \cdot g = 15\,000$ N
Fahrdaten $\tan\alpha_{max} = 0,3$; $v_o = 50$ m/s (180 km/h); $\varphi = 1$

1. Meereshöhe, ohne Anhänger

$$(P/G)_{eff} = \frac{(100 - 6) \cdot 0,9}{20} = 4,23 \quad [W/N]$$

$$I \approx \frac{0.3 \cdot 50}{4.23} \approx 3.55$$

2. Höhe 2 000 m, mit Anhänger

Bei der Ermittlung der Höhenleistung muß beachtet werden, daß die Abnahme der Luftdichte, ca. 10 % pro 1000 m (gilt bis etwa 3 000 m), die indizierte Leistung P_i beeinflußt, und daß alle Leistungsabzüge wie Motorschleppleistung P_f, Leistung für Hilfsaggregat P_{hi}, und Leistungsverluste der Übertragung etwa die gleichen bleiben.

$$(P_{eff})_{2000m} = (P_i)_{0m} \cdot 0.8 - P_f - P_{hi}.$$

Motor			
Indizierte Leistung Meereshöhe	$(P_i)_{0m}$	=	115 kW
Effektive Leistung am Rad	$(P_{eff})_{0m}$	=	85 kW
Indizierte Leistung 2 000 m	$(P_i)_{2000m}$	=	92 kW
Effektive Leistung am Rad	$(P_{eff})_{2000m}$	=	64 kW

Mit dieser verringerten Leistung und dem Gesamtgewicht von 35 000 N ergibt sich

$$(P/G)_{eff\,2000m} = 1.826 \text{ W/N}$$

woraus sich die für diese Betriebsbedingungen gültige Grenzsteigung ergibt

$$\tan\alpha_{2000m} \approx \frac{I \cdot (P/G)_{eff}}{v_0} = \frac{3.55 \cdot 1.826}{50} = 0.13$$

Eine Steigfähigkeit von 12—13 % ist bei diesen erschwerten Betriebsbedingungen akzeptabel, steilere Pässe müssen gemieden werden.
Bisher wurde mit dem Schnellgangfaktor $\varphi = 1$ gerechnet. Wird zur Ersparnis von Kraftstoff $\varphi < 1$ gewählt, so erhöht sich der Gesamtwandlungsbereich entsprechend. Zur Ausnutzung des Wirkungsgrad-Optimums müßte im Beispiel sein

$$\varphi \approx 0.6 \quad \text{daraus} \quad I \approx 6.0$$

Weil dann aber der erforderliche Wandlungsbereich sehr groß wird und auch weil die letzten Verbrauchsgewinne nicht mehr sehr hoch sind, wird in der Regel ein Kompromiß gewählt

$$0.7 \le \varphi \le 0.9 \quad \text{z. B. } \varphi = 0.8 \quad I \approx 4.44$$

was in jedem Fall eine Erweiterung des Getriebes erfordert.
Soll das Fahrverhalten von Pkw und Lkw auf demselben Diagramm dargestellt werden, so müssen Koordinaten, die den Fahrbetrieb beschreiben, gewählt werden: Steigfähigkeit und Fahrgeschwindigkeit, **Bild 28**. Für Pkw und Lkw

Wandlungsbereich

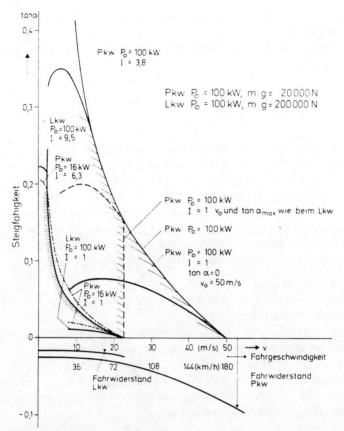

Bild 28: Fahrleistungsvergleich zwischen Pkw und Lkw gleicher Leistung

Koordinaten: Steigfähigkeit tan α und Fahrgeschwindigkeit v. Motorleistung für Pkw und Lkw $P_o = 100$ kW, Fahrzeuggewichte Pkw $m \cdot g = 20\,000$ N; Lkw $m \cdot g = 200\,000$ N. Die Linien gleicher Leistung liegen bei diesen Koordinaten weit auseinander. Für die Annahme, daß der Pkw nur die gleichen Fahrleistung wie der Lkw haben soll, sind zwei Varianten der Kraftübertragung eingetragen.

wurde die gleiche Maximalleistung $P_o = 100$ kW gewählt, die Massen verhalten sich aber wie 1:10. Der Pkw fährt ohne Anhänger, für beide Fahrzeuge ist Meereshöhe angenommen. Damit errechnet sich für den Lkw, bei dem Hilfsantriebe im Übertragungswirkungsgrad berücksichtigt sind, folgender Wandlungsbereich

Lkw $P_o = 100$ kW, $\eta = 0,85$, zul. Gewicht $m \cdot g = 200\,000$ N

$\tan \alpha_{max} = 0,18$; $v_o = 23,33$ m/s (84 km/h); $\varphi = 1,05$

$(P/G)_{eff} = 0,425$ W/N

$$I \approx \frac{0,18 \cdot 23,33}{0,425 \cdot 1,05} = 9,4$$

Das **Bild 28** spiegelt die vom Verkehr her bekannte Differenz der Fahrleistungen von Pkw und Lkw wider.
Wäre der Pkw-Fahrer aber mit den Fahrdaten des Lkw zufrieden, so könnte dieser wegen

$$I \cdot \varphi \approx \frac{0{,}18 \cdot 23{,}33}{4{,}23} = 0{,}993$$

ganz ohne Wechselgetriebe auskommen. (Der Betriebswirkungsgrad wäre allerdings sehr schlecht). Schließlich ist in **Bild 28** auch der Fall eingetragen, daß der Pkw eine Motor-Getriebe-Kombination besitzt, mit der gerade die Fahrleistungen des Lkw erreicht werden.
Wäre der Pkw-Fahrer wirklich mit den Fahrdaten des Lkw zufrieden, dann könnten sie auch mit einer Motor-Getriebe-Kombination des Pkw erreicht werden, bei der der Motor nur eine Leistung von 16 kW hat (Hubraum ca. 0,4 l) und der variable Bereich der Wandlung $I = 6{,}3$ beträgt.

Daraus die Erkenntnis:
Jede Überdimensionierung des Motors verringert immer die erforderliche variable Wandlung des Getriebes.
Sie bedeutet aber: Erhöhtes Bauvolumen, erhöhtes Gewicht, erhöhte Kosten und Betrieb bei schlechtem Wirkungsgrad, weil fast immer bei Teilleistung gefahren wird. Die Wirkungsgradverschlechterung im Teillastgebiet trifft für alle Motorarten zu, ist aber bei Wärmekraftmaschinen so ausgeprägt, daß im Vergleich z. B. zu Elektromotoren ein Betrieb mit großem Verbrennungsmotor ohne Getriebe nicht vertretbar ist.

4.3 Tachoantrieb

Der Tachoantrieb hat weder mit dem Triebstrang noch der Kraftübertragung direkt etwas zu tun, wird hier aber angesprochen, weil er meist Teil des Wechselgetriebes ist. Wie auf **Bild 38** und den meisten Getriebeabbildungen Abschnitt 6 zu erkennen, ist auf der Getriebeausgangswelle Wa, ein Schraubenradtrieb angeordnet, dessen Winkelgeschwindigkeit ω_t der Fahrgeschwindigkeit proportional ist (ohne Reifenschlupf). Die Übersetzung ω_a/ω_t liegt in der Nähe von 2. An den Tachotrieb wird meist eine biegsame Welle evtl. über Winkeltrieb angeschlossen, Anschlußmaße nach DIN 75 532. Unterschiedliche Übersetzungen der Hinterachse i_f werden im Tachometer ausgeglichen. Es gibt heute auch elektronische Tachogeber, wo einem mit Zähnen versehenen Impulsrad auf der Ausgangswelle ein elektronischer Sensor gegenüber liegt. Die Verbindung zu Zählwerk und Tachoanzeige ist ein Kabel.

5 Handgeschaltete Stufengetriebe

Bei einem idealen Drehmomentwandler kann die Wandlung in dem notwendigen Bereich I beliebig stufenlos eingestellt werden. Obwohl es viele Arten stufenloser Getriebe gibt (mechanisch, hydrostatisch, hydrodynamisch, elektrisch) und trotz vieler Bemühungen und Entwicklungen, haben sich stufenlose Wandler in Straßenfahrzeugen, deren Hauptaufgabe der Transport von Personen und Gütern ist, bis heute nicht einführen können. Dafür gibt es mehrere Gründe:

— Stufenlose Getriebe mit großem Wandlungsbereich $I \geq 8$, der zur Ausnutzung guter Wirkungsgrade des Motors nötig ist, haben einen großen Bauaufwand.
— Der Wirkungsgrad, der an sich schon deutlich unter dem von Zahnradstufen liegt, fällt mit wachsendem Wandlungsbereich und auch bei Teillast.
— Straßenfahrzeuge können den größten Anteil ihrer Betriebszeit im obersten Gang verbringen, bei Pkw 90 % bis 95 %, Nkw je nach spezifischer Leistung und Einsatzart 75 % bis 85 %.
— Der Verbrennungsmotor deckt mit seinem Betriebsfeld einen großen und wichtigen Teil des Fahrkennfeldes ab, und jeder Betriebspunkt kann innerhalb dieses Betriebskennfeldes leicht eingestellt werden.
— Mit verhältnismäßig einfachen Mitteln (Zahnrädern) ist die notwendige Erweiterung des Motorkennfeldes und damit die Anpassung an das ideale Zugkraftfeld bei gutem Wirkungsgrad möglich.

Diese Annäherung besteht in der Bereitstellung einer diskreten Zahl (3—16) von festen Übersetzungen, von denen jede frei wählbar zwischen Motor und Fahrzeug zum Einsatz gebracht werden kann, dem:

    Zahnradstufen-Schaltgetriebe.

Es hat sich im Kraftfahrzeug nun schon seit fast 100 Jahren so allgemein eingeführt, daß heute jeder unter dem Wort „Getriebe" nur eben diese Art versteht.

Schon der Daimler-Stahlradwagen von 1889 hatte ein Zahnradwechselgetriebe mit vier Vorwärtsgängen und einem Rückwärtsgang, **Bild 29**.

Die Veränderung eines Drehmoments mit mechanischen Mitteln besteht in der Übertragung der gleichen Kraft an verschiedenen Hebelarmen. Zwischen der Momentwandlung und der Drehzahlübersetzung besteht die Beziehung

$$\eta = -\frac{P_a}{P_e} = -\frac{M_a}{M_e} \cdot \frac{\omega_a}{\omega_e} \qquad (40)$$

$$i = \frac{\omega_e}{\omega_a} = -\frac{M_a}{M_e \cdot \eta} \qquad (41)$$

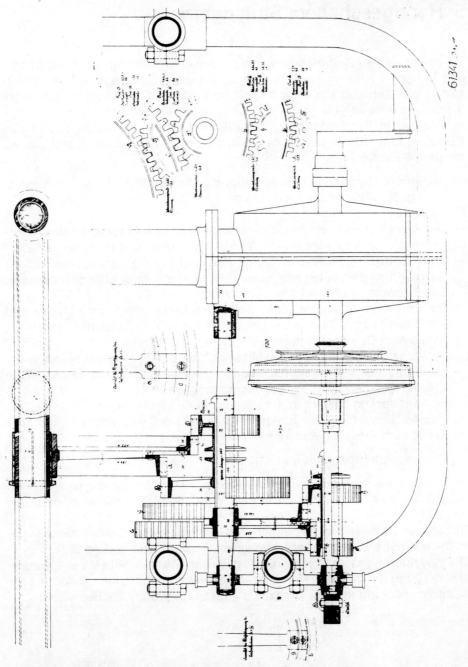

Bild 29: Zahnradwechselgetriebe Daimler-Stahlradwagen 1889   Daimler-Benz

Bildung der Gänge durch die Zahnräder A, B, C, D, E, F, G, H:
1. Gang i_I = C/D x E/F   = 92/17 x 65/13 = 27,06
2. Gang i_{II} = C/D x G/H   = 92/17 x 62/20 = 16,78
3. Gang i_{III} = A/B x E/F   = 88/40 x 65/13 = 11,00
4. Gang i_{IV} = A/B x G/H   = 88/40 x 62/20 = 6,82

Das negative Vorzeichen ist erforderlich, weil die Ausgangsleistung P_a immer das entgegengesetzte Vorzeichen wie die Eingangsleistung P_e hat und der Wirkungsgrad positiv sein soll. Die Übersetzung i ist positiv bei gleicher Drehrichtung von Ein- und Ausgang und negativ bei entgegengesetzter Drehrichtung, **Bild 30**.

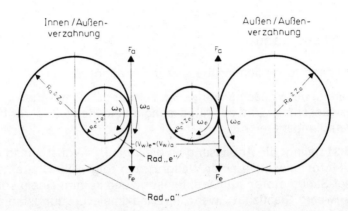

Bild 30: Drehzahlübersetzung und Drehmomentverhältnis von Zahnradpaaren

i Übersetzung = Eingangsdrehzahl geteilt durch Ausgangsdrehzahl,
F Umfangskraft, R Radius des Wälzkreises, ω Winkelgeschwindigkeit, v Geschwindigkeit, Z Zähnezahl, m Modul der Verzahnung.
Indizes: a Ausgang, e Eingang, w Wälz...

Innen-/Außenverzahnung		Außen-/Außenverzahnung	
$i = \omega_e/\omega_a$	gleiche	$i = \omega_e/\omega_a$	entgegen-
$i = R_a/R_e$	Dreh-	$i = -R_a/R_e$	gesetzte
$i = Z_a/Z_e$	richtung	$i = -Z_a/Z_e$	Drehrichtung

Am Wälzpunkt des Zahneingriffs sind die übertragenen Kräfte bis auf Verluste gleich groß und entgegengesetzt, die Wälzgeschwindigkeiten v_w gleichgroß und gleich gerichtet.

$$\eta \cdot F_e + F_a = 0$$

$$v_w = \omega_e \cdot R_e = \omega_a \cdot R_a$$

Übersetzung und Drehmomentwandlung sind dann den Radien der Hebelarme R_e, R_a oder mit $m \cdot Z = 2R$ den Zähnezahlen der miteinander kämmenden Zahnräder proportional, m = Modul, Z = Zähnezahl.

$$i = \frac{\omega_e}{\omega_a} = \pm \frac{R_a}{R_e} = \pm \frac{Z_a}{Z_e} \qquad (42)$$

i + gleiche Drehrichtung
  — entgegengesetzte Drehrichtung

Verluste bei Zahneingriffen betreffen nur die Kräfte bzw. die Drehmomente, da wegen des Formschlusses kein Drehzahlschlupf auftreten kann.

5.1 Anzahl der Gänge

Die Anzahl der erforderlichen Übersetzungen hängt ab von

— dem Verlauf der Vollastkennlinie des Verbrennungsmotors,
— dem gewünschten Grad der Anpassung an die ideale Zugkrafthyperbel,
— dem Wandlungsbereich I.

Nach **Bild 31** gelingt die Anpassung an die Linie P_o = konst. umso weniger, je mehr die Motorvollastlinie einer Waagrechten folgt. Die Charakteristik von Nkw-Diesel-Saugmotoren mit Direkteinspritzung kommt einem solchen Verlauf nahe (wenig Elastizität), wenn ihre maximale Leistungsfähigkeit auch ausgenutzt wird. In diesem Fall kann der nicht abgedeckte Teil des Kennfeldes durch Reduzierung des Gangsprungs verkleinert werden, was bei gegebenem Gesamtbereich I natürlich zu mehr Gängen führt, **Bild 31a**.

Besitzt die Motorvollastlinie in der Nachbarschaft der Nenndrehzahl einen Bereich, in dem die Motorleistung annähernd konstant ist, dann wird die Anpassung an die Zugkrafthyperbel umso vollkommener, je genauer der Gangsprung dem Drehzahlbereich, in dem $P \approx P_o$ ist, entspricht, **Bild 31b**.

Dieser Verlauf der Motorvollastlinie ist ausgeprägt bei Otto-Saugmotoren mit Drosselcharakteristik und kann durch Aufladung bei Otto- und Dieselmotor bewußt erzeugt werden (große Elastizität), vgl. auch **Bild 27c**.

Geometrische Stufung

Bei geometrischer Stufung sind alle Gangsprünge gleich.

$$s_n = i_{(n-1)}/i_n = \text{konst}$$

Wenn dieser Gangsprung s_n aufgrund von Motorcharakteristik und akzeptierter Kennfeldlücke gewählt ist, dann ergibt sich die erforderliche Zahl der Gänge z aus dem notwendigen Wandlungsbereich I.

$$s_n^{(z-1)} = I$$

$$z = \frac{\ln I}{\ln s_n} + 1 \qquad (43)$$

Anzahl der Gänge

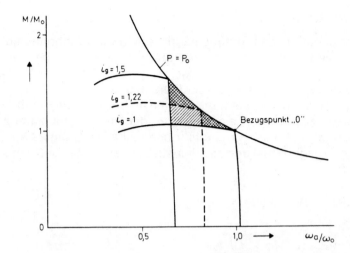

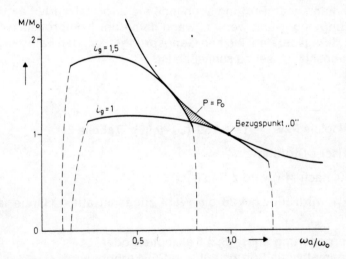

Bild 31: Anpassung der Motorvollastlinie an die Hyperbel maximaler Leistung $P_o =$ konst. durch Stufengetriebe

M/M_o bezogenes Drehmoment,
ω_a/ω_o Bezogene Ausgangswinkelgeschwindigkeit

Bild 31a: Motor mit kleiner Drehmomentelastizität

Bild 31b: Motor mit großer Drehmomentelastizität

Progressive Stufung

Da die rein geometrische Stufung häufig eine ungewollt hohe Zahl von Gängen ergibt, wird oft die progressive Stufung angewendet, bei der die Gangsprünge mit höher zählendem Gang kleiner werden. Dabei werden zwar größere Kennfeldlücken bei den hohen Übersetzungen (untere Gänge) in Kauf genommen, doch bleiben dafür die Lücken im Bereich der Fahrgänge, die viel häufiger benutzt werden, klein. Der Grad der Progression kann z. B. so bestimmt werden, daß das Verhältnis y benachbarter Gangsprünge konstant bleibt. Wenn I gegeben ist und der kleinste Gangsprung s_n gewählt wird, ergibt sich wegen

$$I = s_n^{(z-1)} \cdot y^{(z-2)} \cdot y^{(z-3)} \ldots y^2 \cdot y$$

$$y = \sqrt[(z^2 - 3z + 2)/2]{\frac{I}{s_n^{(z-1)}}} \tag{44}$$

Natürlich kann nach Prüfung auch jede nicht formalisierte Folge von Gangübersetzungen gewählt werden, wenn damit der Kompromiß zwischen großem Wandlungsbereich, kleinen Gangsprüngen bei den Fahrgängen und geringer Gangzahl besser zu schließen ist.

5.1.1 Beispiele Pkw $\quad$ I = 3,750 (φ = 0,95), Tabelle 2

Geometrische Stufung:

s_n = 1,500, nach (43) wird z = 4,26.

Beim Pkw wird bei z = 4,26 die Wahl zunächst auf 4 Gänge fallen, wobei entweder

— die Verringerung auf I = 3,375 akzeptiert oder
— der geometrische Sprung auf s_n = 1,554 erhöht wird.

Tabelle 2, Zeilen 1 und 2

Progressive Stufung:

y = 1,036 $\quad$ s_n = 1,500 $\quad\quad$ **Tabelle 2**, Zeile 3

Wenn der Motor weniger elastisch ist als in **Bild 31** angenommen, muß eventuell der oberste Gangsprung s_n kleiner gemacht und dann stärker progressiv gestuft werden.

y = 1,086 $\quad$ s_n = 1,430 $\quad\quad$ **Tabelle 2**, Zeile 4

Anzahl der Gänge 79

Falls zur Verringerung des Kraftstoffverbrauchs der Schnellgangfaktor $\varphi \ll 1$ und damit hier der Gesamtbereich $I > 3{,}75$ gemacht wird, muß die Zahl der Gänge erhöht werden. $I = 5$, $\varphi = 0{,}75$, 5 Gänge, oberster Gang als Schnellgang mit $i_V = 0{,}759$ gewählt.

$y = 1{,}086$ $s_n = 1{,}317$ **Tabelle 2**, Zeile 5 (s. a. **Bild 31 c**)

Tabelle 2: Beispiele von Getriebestufungen für Pkw-Getriebe

Wandlungsber. I Soll Ist	Getriebegang I	II	III	IV	V	Bemerkung
3,750 3,375 Gangsprung:	3,375 1,500	2,250 1,500	1,500 1,500	1,000		geometrische Stufung $s_n = 1{,}500$
3,750 3,753 Gangsprung:	3,753 1,554	2,415 1,554	1,554 1,554	1,000		geometrische Stufung $s_n = 1{,}554$
3,750 3,746 Gangsprung:	3,746 1,609	2,331 1,554	1,500 1,500	1,000		progressive Stufung $y = 1{,}036$; $s_n = 1{,}500$
3,750 3,746 Gangsprung:	3,746 1,687	2,221 1,553	1,430 1,430	1,000		progressive Stufung $y = 1{,}086$; $s_n = 1{,}430$
4,940 4,935 Gangsprung:	3,746 1,687	2,221 1,553	1,430 1,430	1,000 1,317	0,759	progressive Stufung $y = 1{,}086$; $s_n = 1{,}317$

5.1.2 Beispiele Lkw $I = 9{,}5$, Tabelle 3

Geometrische Stufung:

$s_n = 1{,}50$, nach Gl. (43) wird $z = 6{,}55$.

Zunächst 6 Gänge gewählt. Da der Bereich nicht verkleinert werden darf (zu geringe Steigfähigkeit), ergibt sich der geometrische Stufensprung zu $s_n = 1{,}569$, **Tabelle 3**, Zeile 1.
Ein Sprung von $s_n = 1{,}569$ führt in den oberen Fahrgängen schon bei kleiner Steigung zu großen Einbußen an Geschwindigkeit.

Progressive Stufung:

$y = 1{,}03$ $s_n = 1{,}48$ **Tabelle 3**, Zeile 2

Sollen die Gangsprünge zwischen mehreren oberen Fahrgängen bei der gleichen Zahl der Gänge, hier $z = 6$ kleiner sein, so kann z. B. der 1. Gangsprung I/II bewußt groß gemacht und die übrigen Gänge progressiv gestuft werden.

$s_{I/II} = 1{,}85$ $y = 1{,}05$ $s_n = 1{,}40$ **Tabelle 3**, Zeile 3.

Übersetzungen und Gangsprünge einer Sechsgang-Schnellgangversion bei gleichem Gesamtbereich, **Tabelle 3**, Zeile 4.

Tabelle 3: Beispiele von Getriebestufungen für Lkw-Getriebe

Wandlungsbereich Soll / Ist		I	II	III	IV	V	VI	VII	VIII	IX	X	XI	XII	XIII	XIV	XV	XVI	Bemerkung
9,5	9,510	9,510	6,060	3,863	2,461	1,569	1,000											geometrische Stufung $s_n = 1{,}569$
Gangsprung:			1,569	1,569	1,569	1,569	1,569											
9,5	9,540	9,540	5,728	3,542	2,256	1,480	1,000											progressive Stufung $y = 1{,}03$; $s_n = 1{,}48$
Gangsprung:			1,666	1,617	1,570	1,542	1,480											
9,5	9,524	9,524	5,148	3,177	2,058	1,400	1,000											progressive Stufung $s_{I/II} = 1{,}85$; $y = 1{,}05$; $s_n = 1{,}40$
Gangsprung:			1,850	1,621	1,544	1,470	1,40											
9,5	9,521	9,521	6,950	3,861	2,300	1,466	1,000	0,730										progressive Stufung Schnellgang $s_{I/II} = 1{,}80$; $y = 1{,}07$; $s_n = 1{,}37$
Gangsprung:			1,800	1,679	1,569	1,466	1,370											
9,5	9,531	9,531	6,907	5,003	3,627	2,628	1,904	1,380	1,000									geometrische Stufung $s_n = 1{,}38$; Zweigruppen-Getriebe
Gangsprung:			1,380	1,380	1,380	1,380	1,380	1,380	1,380									
12,5	12,667	12,667	8,172	6,053	4,484	3,322	2,460	1,823	1,350	1,000								geometrische Stufung $s_{I/II} = 1{,}55$; $s_n = 1{,}35$
Gangsprung:			1,550	1,350	1,350	1,350	1,350	1,350	1,350	1,350								
9,5	9,749	9,749	7,926	6,444	5,239	4,259	3,463	2,815	2,289	1,861	1,513	1,230	1,000					geometrische Stufung $s_n = 1{,}23$
Gangsprung:			1,230	1,230	1,230	1,230	1,230	1,230	1,230	1,230	1,230	1,230	1,230					
13,0	12,920	12,920	10,894	9,185	7,745	6,530	5,506	4,643	3,915	3,301	2,783	2,347	1,979	1,668	1,407	1,186	1,000	geometrische Stufung $s_n = 1{,}186$
Gangsprung:			1,186	1,186	1,186	1,186	1,186	1,186	1,186	1,186	1,186	1,186	1,186	1,186	1,186	1,186		

Anzahl der Gänge

Die Erhöhung der Gangzahl auf z. B. z = 8, erlaubt schon bei geometrischer Stufung eine deutliche Verringerung der Gangsprünge, **Tabelle 3**, Zeile 5, was bei einem Achtgang-Getriebe mit Kriechgang (also 9 Vorwärtsgänge) trotz größerem Gesamtbereich I noch ausgeprägter ist, **Tabelle 3**, Zeile 6.

Die Anpassung an die ideale Zugkrafthyperbel wird natürlich mit jeder weiteren Erhöhung der Gangzahl immer besser, z. B. z = 12, **Tabelle 3**, Zeile 7 oder gar z = 16, **Tabelle 3**, Zeile 8 (s. a. **Bild 31d**).

5.1.3 Allgemeine Überlegungen

Die hier nur nach Regeln der Stufung festgelegten Übersetzungen werden bei der Konstruktion wegen der diskreten Zähnezahl der Zahnräder meist nur angenähert erreicht. Die gewählte Bauart der Getriebe kann die Freizügigkeit der Übersetzungswahl einschränken, vgl. Kap. 5.2.

Bei der endgültigen Entscheidung über die Zahl der Gänge eines Schaltgetriebes müssen neben den rein technischen und fahrleistungsbedingten Überlegungen auch das Verhalten der Käufer und Fahrer berücksichtigt werden. Viele Gänge erlauben auf der einen Seite eine bessere Anpassung an die Hyperbel maximaler Leistung und damit eine volle Ausnutzung der installierten Motorleistung als Fahrleistung, sie erhöhen aber Kosten und Gewicht und verlangen bei handgeschalteten Getrieben darüber hinaus vom Fahrer zusätzliche Bedienungsarbeit.

Bei Pkw mit hoher spezifischer Leistung waren daher — vor allem in den USA — lange Zeit nur Dreigang-Getriebe vorherrschend, die dann später von Automaten abgelöst wurden. Eine zeitlang wurden auch zusätzliche Schnell-, Schon- oder Spargänge — Englisch „Overdrive" — angeboten. Wegen der geringen Überschußleistung im obersten Gang haben viele Fahrer diesen Spargang nur selten benutzt und später auch nicht mehr gekauft. Dieses Verhalten wurde durch die niedrigen Kraftstoffkosten in den USA gefördert.

In Europa, wo Hubraum, Leistung und Kraftstoff seit jeher erheblich besteuert sind, waren in der Regel auch die spezifischen Leistungen niedriger, und daher wurden Dreigang-Getriebe wenig und nur zur Kostenersparnis eingebaut. Seit vielen Jahren werden allgemein Viergang-Getriebe bevorzugt. Seit die drastische Erhöhung der Kraftstoffkosten in den Jahren 1973/74 und 1978/79 einer Verringerung des Kraftstoffverbrauchs wieder erhöhte Bedeutung gegeben hat, wurden die Spargänge wiederentdeckt, so daß heute zunehmend auch Fünfgang-Getriebe, meist auf Sonderwunsch eingebaut werden.

Bei Nutzkraftwagen spielt bei der Kaufentscheidung die Wirtschaftlichkeit des Transports seit jeher die ausschlaggebende Rolle. Der Begriff ‚Wirtschaftlichkeit' schließt dabei sowohl Anschaffungs-, Betriebs- und Kraftstoffkosten als auch Transportgeschwindigkeit und Lebensdauer von Fahrzeug und Aggregaten ein.

Die Transportaufgabe der einzelnen Nutzkraftwagen:

>Nahverkehr, Fernverkehr, Kommunal- und Baustellenfahrzeuge, Omnibus für Stadt und Reise usw.

ist so verschieden, daß Motor und Getriebe der jeweiligen Aufgabe angepaßt werden müssen. Daher ist die Zahl der Getriebegänge in weiten Grenzen verschieden. Sie reicht von vier Gängen beim Stadtomnibus (sofern nicht Automaten eingesetzt werden) über Fünf- und Sechsgang-Getriebe bei der überwiegenden Zahl der Lkw im Güternahverkehr bis zu Acht-, Neun-, Zwölf- und Sechzehngäng-Getrieben für Baustellen- und Fern-Lkw. In jedem Einzelfall ist zu prüfen, mit welcher Konzeption die Transportaufgabe am besten und wirtschaftlichsten zu lösen ist.

Steigende Kraftstoffkosten ebenso wie das Bestreben, die Fahrzeiten abzukürzen, haben hier einen Trend zu höherer Motorleistung und zu Getrieben mit mehr Gängen entstehen lassen.

Bei Getrieben mit koaxialer Lage von Eingang und Ausgang wird der oberste Gang $(i_g)_{min}$ meist als direkte Übersetzung $(i_g)_{min} = 1$ angenommen. Übersetzungen des obersten Gangs $(i_g)_{min} < 1$ (Schnellgang) werden oft bei Getrieben mit deaxialer Lage von Eingang und Ausgang, bei Pkw-Fünfgang-Getrieben und bei Nkw-Vielgang-Getrieben gewählt. Davon sind dann nicht der Bereich I, wohl aber die Übersetzungen der Gänge beeinflußt. Schnellgänge ergeben höhere Drehzahlen und kleinere Maximalmomente in Getriebe und Übertragungswellen, so daß evtl. eine etwas höhere Eingangsleistung zugelassen werden kann. Die feste Übersetzung i_f muß dann entsprechend größer werden. In den Schnellgang-Getrieben arbeiten auch im obersten Gang immer Zahnradpaare, daher höhere Verluste in diesem meist gefahrenen Gang.

Bisher wurde immer nur der Vorwärtsbereich diskutiert, weil er in der Tat die Getriebebauart und die Zahl der Gänge bestimmt. Immer ist aber (Ausnahme: Motorrad) auch mindestens ein Rückwärtsgang erforderlich, dessen Übersetzung der des 1. Ganges ähnlich gemacht wird. Bei Gruppengetrieben, kann es auch mehrere Rückwärtsgänge zur Auswahl geben. Die Notwendigkeit des Rückwärtsganges kompliziert wegen der Drehrichtungsumkehr in jedem Fall den Getriebeaufbau.

5.1.3.1 Fahrkennfeld

Wenn auf Grund all dieser Überlegungen die Getriebeart, sein Wandlungsbereich, die Zahl der Gänge und ihre Übersetzungen festgelegt sind, kann das Fahrkennfeld gezeichnet werden. Für die Abszisse wird fast immer die Fahrgeschwindigkeit gewählt, während für die Ordinate unterschiedliche Kenngrößen gebräuchlich sind, wie: Fahrleistung (selten), Zugkraft F (am häufigsten), Zugkraft bezogen auf das Fahrgewicht (selten), Steigung $\tan\alpha$ und/oder Beschleunigung a. Steigung $\tan\alpha$ und bezogene Beschleunigung a/g sind für Wandlungswerte $(i/r) < 20$ annähernd gleich, darüber bleibt die Beschleunigung a/g in den Gängen gegenüber der Steigfähigkeit zurück, weil der Motor einen immer größeren Leistungsanteil zur Beschleunigung der rotierenden Massen im Fahrzeug verbraucht. In den hier dargestellten Fahrkennfeldern für Pkw und Nkw wurde die Steigung $\tan\alpha$ als Ordinate gewählt, weil

Anzahl der Gänge

— die Darstellung $\tan\alpha$ über v ohne zusätzliche Parameter, für alle Fahrzeugarten gültig ist,
— die Steigfähigkeit eine stationäre Größe des Fahrzeugs darstellt, und weil
— sich in dieser Art Kennfeld die Fahrleistungen, die auf der Straße anzutreffen sind, deutlich wiederspiegeln.

Die Fahrwiderstände Ebene F_{R+L} werden als negative Steigfähigkeit dargestellt, so daß positive Werte Überschußleistung zeigen. Schnittpunkte mit der Abszisse sind die in der Ebene erreichbaren Geschwindigkeiten.

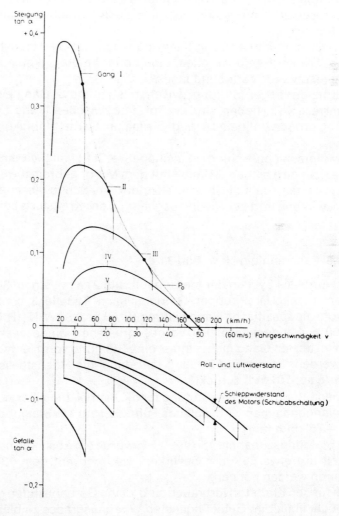

Bild 31c: Fahrkennfeld Pkw
Motor und Fahrzeug nach Bild 25, Fünfgang-Getriebe mit Schnellgang nach **Tabelle 2**, Zeile 5, Schnellgangfaktor $\varphi = 0{,}8$

5.1.3.2 Fahrkennfeld Pkw, **Bild 31 c**

Das Kennfeld benutzt die Daten, die auch in **Bild 25** verwendet wurden und kombiniert sie mit einem Fünfgang-Getriebe nach **Tabelle 2**, Zeile 5. Das Kennfeld ist mit dem Zustand volle Zuladung und voller Leistungsbedarf für Hilfsaggregate gezeichnet. Das Fahrzeug hat eine spezifische Leistung von brutto $(P/G)_0 = 5,1$ W/N und eine effektive spezifische Leistung von $(P/G)_{eff} = 4$ W/N (Meereshöhe).
Bei der gewählten Auslegung mit $\varphi = 0,8$ ist der oberste Gang (Schnellgang $i_v < 1$) ein ausgesprochener Spargang, der ca. 12 km/h unter der Maximalgeschwindigkeit $v_0 = 180$ km/h bleibt. Die Steigfähigkeits- und Beschleunigungsreserven sind mäßig $\tan \alpha \leq 0,04$. Dafür werden die Kraftstoffverbräuche gut.
Im vorletzten, dem 4. Gang steht dagegen fast die Höchstgeschwindigkeit $v_{max} = 179$ km/h und vor allem eine hohe Steigfähigkeits- und Beschleunigungsreserve zur Verfügung $\tan \alpha \leq 0,07$.
Um trotz der engen Stufung zwischen 3., 4. und 5. Gang eine ausreichende Anfahrreserve zu haben, sind die Sprünge zwischen 1. und 2. Gang und 2. und 3. Gang größer. Vollbeladen liegt die maximale Steigfähigkeit im 1. Gang über 35%.
Die Motorschleppleistung ist als negative Steigfähigkeit eingetragen, um zu zeigen, bis zu welchen Gefällen mit dem Motor gebremst werden kann. Es ist angenommen, daß die Kraftstoffzufuhr im Schub abschaltet. Die Motorbremswirkung hört bei Wiederzuschaltung des Kraftstoffs bei kleiner Drehzahl auf.

5.1.3.3 Fahrkennfeld Lkw, **Bild 31 d**

Hier wurde als System der Motor nach **Bild 27 a** mit einem 38-t-Zug und dem Sechzehngang-Dreigruppen-Getriebe nach **Tabelle 3**, Zeile 8 kombiniert. Obwohl die spezifische Nennleistung $(P/G)_0 = 0,65$ W/N [$(P/G)_{eff} = 0,554$ W/N] fast 50% über dem gesetzlich vorgeschriebenen Mindestwert (4,4 kW/t) liegt, kann im letzten Gang nicht einmal eine Steigung von 1% ($\tan \alpha = 0,01$) bewältigt werden. Selbst im 15. Gang fällt dabei die Höchstgeschwindigkeit von 80 km/h auf 70 km/h zurück.
Die Bedeutung der engen Stufung für die Fahrleistung läßt sich z. B. erkennen, wenn angenommen wird, daß das Fahrzeug auf 1% Steigung im 14. Gang mit $v_{max} = 75$ km/h fährt.
Eine Steigerungszunahme von nur 0,5% würde ein Absinken der Fahrgeschwindigkeit auf etwa 56 km/h bewirken, während mit dem 13. Gang 64 km/h gefahren werden können.
Auch für den Kraftstoffverbrauch sind kleine Getriebestufen günstig, erlauben sie doch, immer im Gebiet höchsten Wirkungsgrades zu bleiben.
Für Fahrt im Gefälle sind sowohl die Bremswirkung des Motors allein, als auch die Wirkung einer zusätzlichen Motorbremse (Auspuffdrossel) dargestellt. Mit dieser Motorbremse kann in der Tat im gleichen Gang die gleiche Endgeschwindigkeit bei Steigung oder Gefälle gefahren werden.

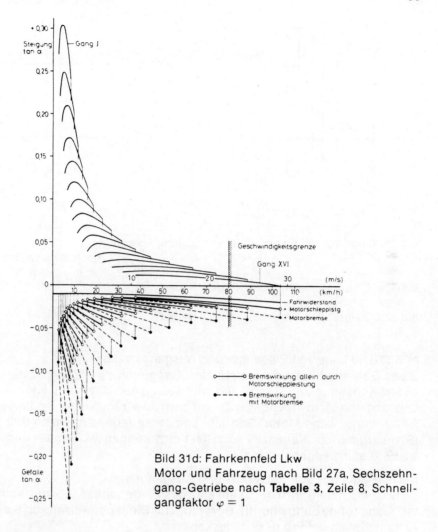

Bild 31d: Fahrkennfeld Lkw
Motor und Fahrzeug nach Bild 27a, Sechszehngang-Getriebe nach **Tabelle 3**, Zeile 8, Schnellgangfaktor $\varphi = 1$

5.2 Getriebebauarten

Die Realisierung eines Mehrgang-Schaltgetriebes erfordert immer mehrere Zahnradpaare unterschiedlicher Zähnezahl, die wahlweise über Kupplungselemente in den Kraftfluß gebracht werden können. Die Getriebebauarten werden einerseits nach der Lage von Eingangs- und Ausgangswelle, andererseits nach der Art der Übersetzungsbildung gegliedert.

5.2.1 Vorgelege-Getriebe

Für handgeschaltete Fahrzeuggetriebe hat sich wegen ihrer Einfachheit die Vorgelegewellenbauart durchgesetzt, die in zwei grundsätzlichen Varianten Verwendung findet, **Bild 32**.

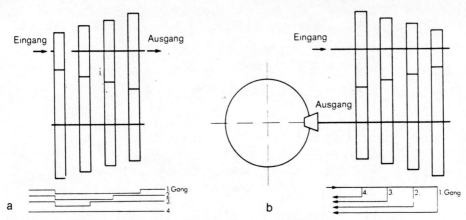

Bild 32: Eingruppen-Getriebe, 4 Vorwärtsgänge, Anordnung
nach Bussien, Erg.-Band

Bild 32a: Eingruppen-Getriebe, Koaxiale Bauart

Bild 32b: Eingruppen-Getriebe, Deaxiale Bauart

a) Koaxiale Lage von Eingangs- und Ausgangswelle
Diese Getriebe bilden die übersetzten Gänge mit zwei Zahnradstufen (Radpaare: Konstante und Gang), und sie haben einen direkten Gang, in dem die Leistung ohne Mitwirkung von Zahnrädern übertragen wird. Sie finden immer Anwendung, wenn Motor, Getriebe und angetriebene Achse in Reihe liegen (Standardantrieb). Vereinzelt auch bei Konzeptionen, wo Schalt- und Achsgetriebe zusammengebaut sind.

b) Deaxiale Lage von Eingangs- und Ausgangswelle
Jede Übersetzung wird durch ein einziges Zahnradpaar gebildet, kein „direkter" Gang (ohne Zahneingriff). Bevorzugt für Blockbauweisen von Schalt- und Achsgetrieben bei Front- und Heckantrieb.

5.2.1.1 Eingruppen-Getriebe

Sie besitzen für jeden Gang ein eigenes Zahnradpaar (Ausnahme: Direkter Gang und evtl. Rückwärtsgang); und zum Wechseln der Gänge wird immer nur eine Klauenkupplung gelöst und eine andere geschlossen (Zahnrad in den Eingriff verschoben). Anwendung bei Nkw bis zu 7 Gängen, bei Pkw in der Regel.
Vorteile: Freie Wahl der Übersetzungen, leichte Schaltbarkeit.
Nachteile: Bauaufwand, Zahl der Zahnräder und Schaltelemente.

5.2.1.2 Mehrgruppen-Getriebe

Sie bestehen aus mehreren Eingruppen-Getrieben, ren Übersetzungen unterschiedlich miteinander kombiniert werden. Dab. .erden einige Zahnrad-

Getriebebauarten

paare und Schaltelemente in mehreren Gängen benutzt. Daher müssen bei einigen Gangwechseln — Gruppenwechsel — mehrere Schaltelemente gelöst und geschlossen werden. Der allgemeine Vorteil der Mehrgruppenbauart liegt in der Möglichkeit, die Zahl der Gänge zu steigern ohne dabei die Zahl der Zahnradpaare und der Schaltelemente erhöhen zu müssen.

Zweigruppen-Getriebe, **Bild 33**

Durch Anordnung einer mit dem Hauptgetriebe in Reihe liegenden, weiteren schaltbaren Übersetzung kann die Zahl der Gänge des Hauptgetriebes verdoppelt werden (auch zwei Rückwärtsgänge sind möglich). Die Zusatzgruppe kann vor (Vorschaltgruppe) oder nach (Nachschaltgruppe) dem Hauptgetriebe angeordnet sein.

Die Übersetzung einer Vorschaltgruppe wird meist so gewählt, daß die Übersetzung der Gänge des Hauptgetriebes etwa halbiert wird (Splitter), **Bild 33 a**. Vorteil: Kleine Übersetzung der Zusatzgruppe, einfache Bauweise. Bei nicht voller Zuladung kann auf die Schaltung der Zwischengänge d. h. die Betäti-

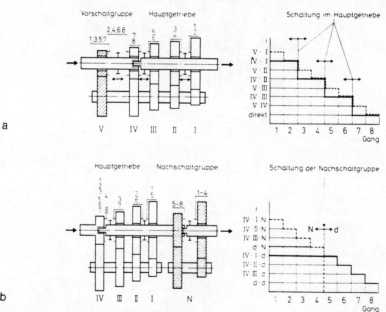

Bild 33: Zweigruppen-Getriebe, 8 Vorwärtgänge, Anordnung und Schaltfolge
Die Zahlen bezeichnen die Gänge, an denen die Zahnradpaare beteiligt sind und welche Schaltelemente geschlossen sind.

Bild 33a: Zweigruppen-Getriebe mit Vorschaltgruppe
1. Gruppe: Zweigang-Getriebe mit Zwischenübersetzung (Splitter)
2. Gruppe: Viergang-Hauptgetriebe

Bild 33b: Zweigruppen-Getriebe mit Nachschaltgruppe
1. Gruppe: Viergang-Hauptgetriebe
2. Gruppe: Zweigang-Getriebe mit großer Übersetzung

gung der Vorschaltgruppe verzichtet und damit Schaltarbeit gespart werden.
Nachteil: Große Übersetzungen im Hauptgetriebe, häufiger Gruppenwechsel, geometrische Stufung des Hauptgetriebes ist fast zwingend, um ungleichmäßige Gangsprünge zu vermeiden.
Die Übersetzung einer Nachschaltgruppe wird meist so gewählt, daß alle Gänge des Hauptgetriebes zweimal durchfahren werden, **Bild 33 b**.
Vorteil: Schwache progressive Stufung im Hauptgetriebe akzeptabel, große Übersetzungen werden als Produkt von zwei Zahnradgruppen gebildet, daher jede einzelne nicht zu groß, nur ein Gruppenwechsel.
Nachteil: Nachschaltgruppe hat große Drehmomente zu bewältigen. Der Gruppenwechsel (bei 8 Gängen die Schaltung IV—V) ist mit großen Übersetzungsänderungen in den Gruppen verbunden, nämlich: 1. Gruppe (Hauptgetriebe) von direkt nach größter Übersetzung, 2. Gruppe von großer Übersetzung nach kleiner Übersetzung, oft „direkt".

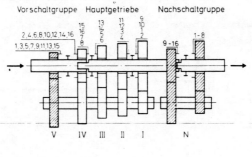

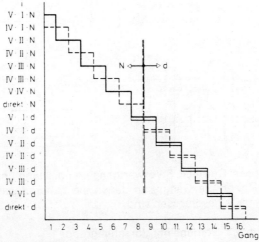

Bild 34: Dreigruppen-Getriebe, 16 Vorwärtsgänge
Die Zahlen bezeichnen die Gänge, an denen die Zahnradpaare beteiligt sind und welche Schaltelemente geschlossen sind.
1. Gruppe: Zweigang-Vorschaltgetriebe (Splitter)
2. Gruppe: Viergang-Hauptgetriebe
3. Gruppe: Zweigang-Nachschaltgetriebe

Der Planetensatz

Dreigruppen-Getriebe, **Bild 34**

Werden mehr als 8 (10) Gänge gebraucht, so wird vermehrt das Dreigruppen-Getriebe eingesetzt, das eine Kombination von Vorschaltgruppe (Splitter), Hauptgetriebe und Nachschaltgruppe darstellt.

Da jede Übersetzung einer Gruppe die Zahl der möglichen Übersetzungen verdoppeln kann, hat ein Dreigruppen-Getriebe, das ein Viergang-Hauptgetriebe besitzt, bis zu 16 Gängen. Der bauliche Vorteil ist evident, der Nachteil liegt darin, daß häufig zwei und zumindest einmal drei Schaltelemente gleichzeitig bedient werden müssen. Er wird durch Einsatz von — meist pneumatischen — Schalthilfen gemildert, **Bild 54 d**, oder durch elektronisch-pneumatische Geräte erheblich vereinfacht, **Bild 54 e**.

5.3 Der Planetensatz

Planetengetriebe werden im Triebstrang von Fahrzeugen verwendet

— für Nachschaltgruppen von Schaltgetrieben,
— als Ergänzung von Achsgetrieben (Planetenachse),
— zur Drehmomentverteilung bei unterschiedlichen Drehzahlen (Differential),
— in Automatikgetrieben zur Bildung verschiedener Übersetzungen.

Ein Planetensatz, **Bild 35**, besitzt immer drei Zentralwellen, von denen eine mit dem Steg, auch Planetenträger genannt, verbunden ist, der die Achsen der umlaufenden Planetenräder trägt. Die beiden anderen Zentralwellen sind mit

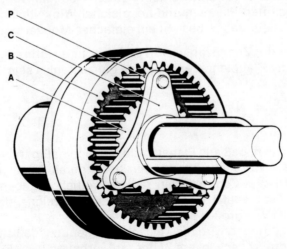

Bild 35: Planetensatz, Ansicht
A Sonnenrad
B Hohlrad   } mit Mittelwellen (Zentralwellen) verbunden
C Planetenträger (Steg)
P Planetenräder

je einem Zentralrad verbunden, meist ein Sonnen- und ein Hohlrad, oder auch zwei Kegelräder, in denen die Planetenräder kämmen.

Planetensätze haben eine hohe spezifische Leistung, weil die Leistung auf so viele Pfade, wie Planetenräder (3 bis 9) vorhanden sind, aufgeteilt wird.
Die Momentverhältnisse ergeben sich aus

$$M_A + M_B + M_C = 0 \quad \text{und} \quad M_B/M_A = Z_B/Z_A = - \frac{\omega_A}{\omega_B} c \qquad (45)$$

$\frac{\omega_A}{\omega_B}$ c ist die Übersetzung des Standgetriebes, der Steg C steht still. (Index der stehenden Welle neben Bruchstrich.)
Z_A Zähnezahl des Sonnenrades A
Z_B Zähnezahl des Hohlrades B

Die Drehzahlverhältnisse ergeben sich aus

$$\omega_A + \frac{Z_B}{Z_A} \omega_B - \left(1 + \frac{Z_B}{Z_A}\right) \omega_C = 0 \qquad (46)$$

Durch Festsetzen einer Zentralwelle entstehen feste Übersetzungen zwischen den beiden anderen Zentralwellen, **Bild 36** und **Tabelle 4**.

Montierbarkeitskriterium

Da in einem Planetensatz immer mehrere Planetenräder gleichzeitig im Eingriff mit Sonnen- und Hohlrad sind, kann für die beiden Zentralräder nicht jede beliebige Zähnezahl gewählt werden. Für den Regelfall: einfacher Planetensatz mit ungestuften Planeten und bei gleicher Winkelteilung zwischen den Achsen der Planetenräder, besteht ein einfaches Montierbarkeitskriterium:

Die Summe der Zähnezahlen von Sonnen- und Hohlrad geteilt durch die Anzahl z_p der Planetenräder muß eine ganze Zahl N sein

$$\frac{Z_A + Z_B}{z_p} = N \qquad (47)$$

Um sicherzustellen, daß alle Planetenräder gleichmäßig tragen, was bei einer Planetenradzahl von mehr als drei ein besonderes Problem darstellt, wird gerne einer der drei Zentralwellen radiale Freiheit gegeben, damit sie sich nach der Lage der Planeten einstellen kann. Eine ausreichende Verformbarkeit des Hohlrads ist von großer Bedeutung.

In Differentialgetrieben wird die Tatsache ausgenutzt, daß sich die Momente der beiden Zentralräder wie ihre Zähnezahl verhalten (Gl. 45). Sind sie wie im Kegelrad-Differential, **Bild 136**, gleich groß, so wird das Stegdrehmoment hälftig auf die Zahnradwellen A und B verteilt, die aber nach Gl. (46) unterschiedliche Drehzahlen haben können.

Der Planetensatz

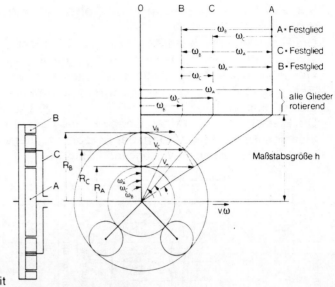

Bild 36: Übersetzungen von Planetengetrieben, Kutzbachplan nach Bussien, Erg.-Band

Bezeichnungen wie Bild 35
ω Winkelgeschwindigkeit
v Umfangsgeschwindigkeit
R Radius, entspricht bei Zahnrädern der Zähnezahl
$v_A = \omega_A \cdot R_A$; $v_B = \omega_B \cdot R_B$; $v_C = \omega_C \cdot R_C$

Die Winkelgeschwindigkeiten treten im Kutzbachplan als Winkel auf. Sie können durch die Maßstabsgröße h als horizontale Strecken dargestellt werden: $\overline{\omega}_n = h \cdot \tan \omega_n$. Zusammengehörende Streckenlängen, deren Quotient ein Drehzahlverhältnis bildet, messen vom gleichen Stillstand aus (auch jede Zentralwelle kann festgehalten werden), im Bild z. B.: 0; B; C; A.

Tabelle 4: Übersetzungsbereiche einfacher Planetensätze

		Eingang	Ausgang	Fest	Normalbereich		
$\dfrac{\omega_A}{\omega_C}$	B	Sonne	Steg	Hohlrad	2,5	$\leq i \leq$	5
$\dfrac{\omega_B}{\omega_C}$	A	Hohlrad	Steg	Sonne	1,25	$\leq i \leq$	1,67
$\dfrac{\omega_C}{\omega_A}$	B	Steg	Sonne	Hohlrad	0,2	$\leq i \leq$	0,4
$\dfrac{\omega_C}{\omega_B}$	A	Steg	Hohlrad	Sonne	0,6	$\leq i \leq$	0,8
$\dfrac{\omega_A}{\omega_B}$	C	Sonne	Hohlrad	Steg	—4	$\leq i \leq$	—1,5
$\dfrac{\omega_B}{\omega_A}$	C	Hohlrad	Sonne	Steg	—0,67	$\leq i \leq$	—0,25

5.4 Zur Dimensionierung von Fahrzeuggetrieben

Die kunstgerechte Dimensionierung von Fahrzeuggetrieben ist insofern erschwert, als die im Betrieb auftretenden Belastungen und deren Dauer nicht klar definiert sind. Gleichzeitig werden immer höhere Lebensdauer und Zuverlässigkeit, aber auch Leichtbau verlangt, um an Gewicht, Kosten und Verbrauch zu sparen.

Die Elemente der einzelnen Gänge können daher nicht immer dauerfest dimensioniert werden, sondern der Berechnung liegen mehr und mehr statistische Belastungskollektive zugrunde, **Bild 37**.

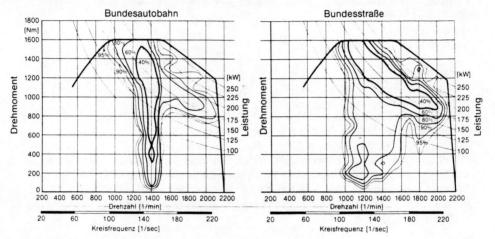

Bild 37: Drehmoment-Summenhäufigkeiten über Motordrehzahl   Daimler-Benz
Motor nach Bild 27 c, $P_2 = 260$ kW
Lastzug m = 38 000 kg; $(i/r)_{min} = 6,55$; $\varphi = 0,73$
Auf der Bundesautobahn, linkes Bild, häuft sich der Betrieb um die zu 80 km/h gehörende Winkelgeschwindigkeit (= Kreisfrequenz) von 146 rad/s ~ 1400 min^{-1}, auf der Bundesstraße, rechtes Bild, um die Leistung 175 kW.

Die realisierten Fahrzeuggetriebe basieren daher fast immer auf langjährigen (auch bitteren) Erfahrungen, die durch keine Konstruktionsregeln gleichwertig ersetzt werden können. Die folgenden Angaben können daher nur Anhaltswerte sein. Ihre Befolgung befreit aber weder von der Analyse des eigenen Einsatzfalles, noch vom Studium der Speziallliteratur und von eigenen Versuchen. Für die richtige Dimensionierung von Gehäusen, Zahnrädern und Wellen wird immer häufiger die Methode der Finiten Elemente eingesetzt.

5.4.1 Allgemeines   Zur Veranschaulichung **Bild 38**

Die Größe von Vorgelegegetrieben wird vom durchgesetzten Drehmoment, von der Gangzahl, der Übersetzung des 1. Gangs und vom Einsatzzweck bestimmt.
Der Achsabstand a soll möglichst klein sein. Er ist vo lem von der Übersetzung des 1. Gangs abhängig. Er kann bei Koaxial-G rieben kleiner als bei

Zur Dimensionierung von Fahrzeuggetrieben 93

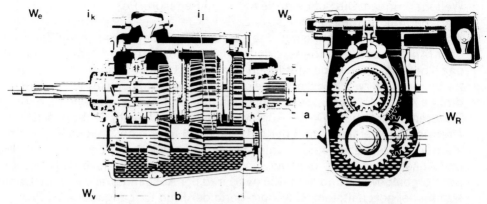

Bild 38: Nkw-Schaltgetriebe, Fünfgang-Synchrongetriebe Mercedes-Benz G3/60–5/7,5
Daimler-Benz

Eingangsdrehmoment $M_e = 600$ Nm bei $m_{Fahrzeug} = 24$ t
Getriebemasse $m_G = 110$ kg

Gang	I	II	III	IV	V	R
ig	7,508	3,986	2,301	1,387	1,000	—6,930

W_e Eingangswelle, W_a Ausgangswelle,
W_v Vorgelegewelle, W_R Neben-(Rückwärtsrad-)Welle,
a = 116 mm Achsabstand, b = 317 mm Lagerabstand,
i_k = 2,177 Übersetzung der Antriebskonstante, i_I Übersetzung Zahnradpaar 1. Gang

Getrieben mit Achsversetzung sein, weil dort zwei Zahnradpaare die Übersetzung bilden (bei Gruppengetrieben noch mehrere). Bei Nkw-Getrieben wird oft die Verzahnung des kleinen 1.-Gang-Rads direkt auf die Vorgelegewelle geschnitten.
Die axiale Baulänge zwischen den Lagern b, und damit der Abstand zwischen den Wänden, wird von Zahl und Breite der Zahnradpaare und vom Raumbedarf der Schaltelemente bestimmt. Da jede Verzahnung auch Biegekräfte erzeugt, müssen der axiale Abstand der Wellenlager so kurz und die Wellen in der Mitte so dick wie möglich gemacht werden (Biegebalken). Die Durchbiegung in der Mitte sollte bei größter Last 100 μm nicht überschreiten.
Die Gehäuse sind steif und schallschluckend zu gestalten, wenn möglich aus einem Stück, mit Deckeln verschlossen. Aus Geräuschgründen wird Grauguß bevorzugt (Dämpfung). Wird zur Gewichtseinsparung Leichtmetall gewählt, so ist der Steifigkeit durch Form und Verrippung besondere Aufmerksamkeit zu widmen.
Im allgemeinen sind die Zahnradpaare, die die Vorwärtsübersetzungen bilden, dauernd im Eingriff. Nur noch im Rückwärtsgang, in älteren Konstruktionen selten auch beim 1. Gang, werden die Zahnräder oft erst bei Bedarf durch Verschieben in Eingriff gebracht.
Um eine diskrete Übersetzung wirksam werden zu lassen, wird das Losrad dieser Übersetzung — im **Bild 38** sind alle auf der Getriebeausgangswelle W_a angeordneten Zahnräder Losräder — über eine Klauen-Kupplung mit seiner

Welle verbunden. Die Schaltmuffe hat in der Regel drei Positionen: linke Kupplung, neutral, rechte Kupplung.

An der Bildung der Gänge mit Übersetzung sind mindestens je ein Zahnradpaar (Achsversetzte Getriebe) oder zwei Zahnradpaare (Konstante und Gangpaar) beteiligt. In Gruppengetrieben werden die Übersetzungen teilweise auch durch mehr als zwei Zahnradpaare gebildet. Bei koaxialen Getrieben wird der direkte Gang durch Kuppeln von Eingangs- und Ausgangswelle, d. h. ohne Zahnräder hergestellt. Da der Rückwärtsgang eine Umkehr der Vorwärtsfahrt-Drehrichtung verlangt, muß der Leistungsfluß über eine 3. Welle W_R geführt werden. Diese Welle liegt im realen Getriebe so zwischen Vorgelegewelle W_V und Ausgangswelle W_a, daß das Zahnrad auf der Welle W_R mit einem Zahnrad der Vorgelegewelle und dem Rückwärtsrad der Ausgangswelle kämmt. Damit kommt bei geschaltetem Rückwärtsgang der Pfad Eingangswelle W_e, Vorgelegewelle W_V, Rückwärtswelle W_R und Ausgangswelle W_a zustande.

5.4.2 Verzahnung, Bild 39

In Fahrzeuggetrieben wird fast ausschließlich die Evolventen-Verzahnung verwendet, weil

— leicht herstellbar,
— unempfindlich, bei Änderung des Achsabstands kein Einfluß auf Übersetzung und gleichförmigen Lauf,
— einfache Veränderung der Zahnform, die durch Profilverschiebung den Betriebsbedingungen angepaßt werden kann,
— Zahnüberdeckung (mehrere Zahnflanken tragen gleichzeitig) durch Zahnform und Zahnschräge beeinflußbar.

Dafür gibt es ein ausführliches Regelwerk nach DIN.

Modul m so klein wie von der Belastung her möglich, weil

— geringe Zerspanung,
— größere Profilüberdeckung,
— besserer Wirkungsgrad.

Anhaltswerte für Vorgelege-Zahnräder

Pkw-Schaltgetriebe $\quad 1{,}5 \leq m \leq 3{,}5$
Nkw-Schaltgetriebe $\quad 2 \leq m \leq 7$

Planetensätze $\quad 1 \leq m \leq 3$

In der Regel Schrägverzahnung $15° \leq \beta \leq 30°$, erzeugt dabei Achsschub.

Sprungüberdeckung (Überdeckung aus Zahnschräge) ϵ_β möglichst hoch.

$$\epsilon_\beta = \frac{b \cdot \sin\beta}{\pi \cdot m_n}$$

Geradverzahnung nur noch in den unteren Gängen von Nkw-Getrieben und

Zur Dimensionierung von Fahrzeuggetrieben

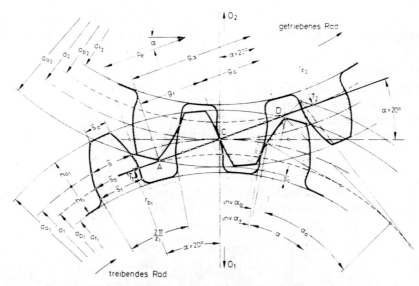

Bild 39: Evolventenverzahnung

nach Abb. Maschinenkonstruktionslehre TU Karlsruhe

Bezeichnungen nach DIN 3960

$\overline{AD}$ Eingriffstrecke g_α, α Eingriffswinkel, C Wälzpunkt, $\overline{O_1O_2}$ Achsabstand a der Mittelpunkte der Räder 1 und 2, z_1 und z_2 Zähnezahlen der Räder 1 und 2, T Berührungspunkte der Eingriffslinie an die Grundkreise, d Durchmesser, p_e Eingriffsteilung, h Zahnhöhe;

Indizes: a Kopfkreis, b Grundkreis, f Fußkreis; ohne Buchstaben-Index: Teilkreis.

bei R-Gang in Pkw- und Nkw-Getrieben. Grund: Geräuschempfindlichkeit der Geradverzahnung. Das Vermeiden von Zahnradgeräuschen spielt eine um so größere Rolle, je geräuschärmer Motor und Fahrzeug werden.

Maßnahmen zur Geräuschminderung:

— Hohe Fertigungsgüte (Schaben oder Schleifen) Qualität 6,
— Gute Profilüberdeckung $\epsilon_\alpha \geq 1{,}4$. In Pkw- und Omnibus-Getrieben bei geräuschkritischen Zahnradpaaren (Konstante und obere Gänge) Hochverzahnung $\epsilon_\alpha > 2$,
— Schrägverzahnung, Sprungüberdeckung ϵ_β (Überdeckung aus Zahnschräge) möglichst groß, Achtung: Achsschub,
— Höhenballigkeit, vermindert Eingriffstöße,
— Längsballigkeit, vermindert Kantentragen.

Profilverschiebung

Profilverschiebung wird durch radiales Verschieben der Werkzeugprofilmitte gegenüber dem Wälzkreis um den Betrag $x \cdot m$ erreicht,

V_o-Verzahnung $x_1 = -x_2$
V-Verzahnung x_1 und x_2 positiv.

Profilverschiebung ist ein Mittel, um die Form des Evolventenzahns zu beeinflussen, **Bild 40**. Sie wird heute praktisch bei allen Verzahnungen angewendet, um

— Unterschnitt bei kleiner Zähnezahl zu vermeiden,
— Lebensdauererwartung und Zahnbeanspruchung der miteinander kämmenden Zähne anzugleichen,
— Profilüberdeckung zu erhöhen,
— verschiedene Zahnradpaare bei gleichem Achsabstand zu optimieren.

Festigkeitsberechnung

Die Zähne müssen auf zulässige Biegung und Flankenpressung berechnet werden. Dafür wurden im Laufe der Entwicklung viele immer verbesserte

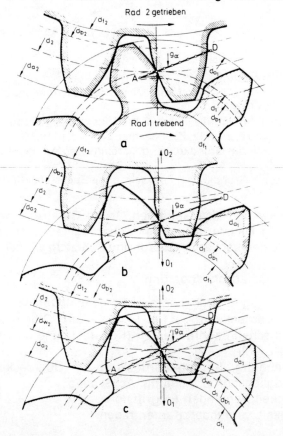

Bild 40: Evolventenverzahnung, Profilverschiebung
nach Abb. Maschinenkonstruktionslehre TU Karlsruhe
Bezeichnungen wie **Bild 39**
a) 20°-Evolventen-Normal-Verzahnung: $x_1 = 0$; $x_2 = 0$; $z_1 = 7$; $z_2 = 25$
b) 20°-Evolventen-V-Null-Verzahnung: $x_1 = +0,5$; $x_2 = -0$ $= 7$; $z_2 = 25$
c) 20°-Evolventen-V-Verzahnung: $x_1 = +0,5$; $x_2 = +0,5$; z_1 ; $z_2 = 25$

Verfahren vorgeschlagen. Heute, wo immer möglich, Berechnung der Zahnbeanspruchung und Verformung mit der Methode der Finiten Elemente und Belastungskollektiven. Im folgenden Verfahren für erste Überschlagsberechnung.

Mit den Belastungsdaten und den Daten der Verzahnung, **Bild 41**, wird eine Vergleichsspannung σ_b berechnet, deren Größe innerhalb der unten angegebenen Werte liegen sollte, solange keine anderen eigenen Erfahrungen vorliegen. Von der Kante, gebildet von Evolvente und Kopfkreis, wird die Tangente an den Grundkreis gelegt (Kopfeingriffswinkel α_a). Wo sie die Zahnmitte schneidet, wird der Angriffspunkt der Umfangskraft F gedacht. Der Zahn wird als eingespannter Freiträger betrachtet, dessen gefährdeter Querschnitt durch die Berührung einer unter 30° zur Zahnmitte geneigten Gerade an die Zahnausrundung gefunden wird (früher Lewisparabel).

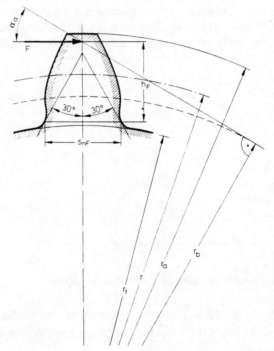

Bild 41: Evolventenverzahnung, Näherungsrechnung der Zahnfußbeanspruchung, Normalschnitt
Bezeichnungen wie **Bild 39**
F Zahnkraft, h_F Hebelarm, s_{nF} Zahnfußstärke, α_a Kopfeingriffswinkel

Schrägverzahnte Stirnräder werden im Normalschnitt wie geradverzahnte Räder behandelt. Liegt die Profilüberdeckung ϵ_α nennenswert über 1, so wird die Kraft F entsprechend reduziert F/ϵ_α. Die Zahnfußausrundung muß sehr sorgfältig sein, um Kerbwirkung zu vermeiden. Liegt der Ausrundungsradius unter r ≤ 0,25 m (m = Modul), dann muß die zulässige Beanspruchung wegen Kerbwirkung veringert werden. Bezeichnungen siehe **Bild 41**; b Zahnbreite.

$$F = \frac{M_e}{r_b} \cdot \cos\alpha_a \; ; \quad \sigma_b = \frac{6 \cdot h_F \cdot F/\epsilon_\alpha}{b \cdot s_{nF}^2} \tag{48}$$

Tabelle 5: Zulässige Vergleichsspannung σ_b für Verzahnungen in Pkw-Getrieben

Pkw-Viergang-Getriebe	Rückwärtsgang	750—850 MPa
	1. Gang	700—750 MPa
hohe Überdeckung	2. Gang	550—600 MPa
	3. Gang	450—500 MPa
	Antriebskonstante	350—450 MPa

Je nach Gang und Einsatzart muß entschieden werden, ob die Beanspruchung im Zeitfestigkeitsgebiet liegen darf oder dauerfest sein muß. Wöhlerkurve für Zahnräder aus einsatzgehärtetem Stahl, z. B. 20 MoCr 4, **Bild 42**.

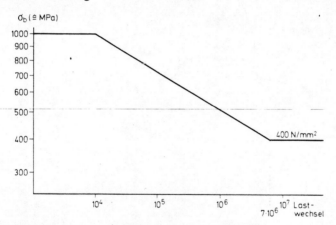

Bild 42: Wöhlerkurve für einsatzgehärteten Zahnradstahl

Anhaltswerte σ_b für Nkw-Getriebe, gerechnet mit Motornenn-Drehmoment. Werte für Sechsgang-Getriebe, bei mehr Gängen Werte sinngemäß wählen.

Tabelle 6: Zulässige Vergleichsspannung σ_b von Verzahnungen in Nkw-Getrieben

	Rückwärtsgang	600—800 MPa
	1. Gang	500—700 MPa
	2. Gang	350—450 MPa
	3. Gang	300—400 MPa
	4.—6. Gang	270—330 MPa
	Antriebskonstante	240—280 MPa

Zur Dimensionierung von Fahrzeuggetrieben

Bei Planetengetrieben ist die Verzahnung selten bis zur Grenze beansprucht, da die Leistung über mehrere Pfade (Planeten) geleitet wird.

Flankentragfähigkeit

Die Pressung der beiden kämmenden Zahnflanken wird im Wälzpunkt ermittelt. Die Hertz'sche Pressung p zwischen zwei Walzen mit den Radien ρ_1 und ρ_2 und der Breite b ist gegeben durch

$$p^2 = \frac{E}{2\pi(1-r^2)} \cdot \frac{F}{b}\left(\frac{1}{\rho_1} \pm \frac{1}{\rho_2}\right)$$

E   E-Modul
r   Querzahl, für Stahl r = 0,3
F   Normalkraft
+   für Außen-Außenverzahnung
−   für Außen-Innenverzahnung

Im Falle der Verzahnung sind ρ_1 und ρ_2 die Krümmungsradien der Evolventen. Bei schrägverzahnten Rädern ist der Normalschnitt (Index n) zu betrachten, der mit der Eingriffsebene den Winkel β_b (Schrägungswinkel im Grundkreis) bildet. Mit M_e als Eingangsdrehmoment, a als Achsabstand, $(\alpha_t)_b$ Betriebseingriffswinkel im Stirnschnitt und der Übersetzung

$$i = \frac{\omega_e}{\omega_a} = -\left(\pm \frac{(r_b)_a}{(r_b)_e}\right)$$

lautet die Hertz'sche Pressung zwischen zwei Zahnflanken im Wälzpunkt

$$p^2 = \frac{E}{\pi(1-r^2)} \cdot \frac{M_e}{b \cdot a^2} \cdot \frac{\cos\beta_b}{\sin 2(\alpha_t)_b} \cdot \frac{(i-1)^3}{i} \qquad (49)$$

Eine Profilüberdeckung wird durch $p' = p/\sqrt{\epsilon_\alpha}$ berücksichtigt.

Tabelle 7: Zulässige Hertz'sche Pressung von Verzahnungen in Fahrzeuggetrieben

Pkw- und Nkw-Getriebe	1. und 2. Gang	p ≤ 3500 MPa
	3. Gang	p ≤ 2500 MPa
	Dauerfestigkeit	p ≤ 1400 MPa

5.4.3 Lager

In Fahrzeuggetrieben werden fast ausschließlich Wälzlager verwendet, **Bild 43**; vereinzelt auch gleitgelagerte Loszahnräder. Ihre Dimensionierung erfolgt nach einer statistischen Lebensdaueraussage (Weibull-Kurve). Die in den Herstellerkatalogen angegebene Tragzahl C ist die zulässige Last für 10^6 Überrollungen (Überlebenswahrscheinlichkeit 0,9). Ist die tatsächliche Belastung von C verschieden, so verändert sich die Zahl der zulässigen Überrollungen nach

$$L = (C/F)^{exp} \cdot 10^6$$

Der Exponent ist für Rollen- und Nadellager 10/3, für Kugellager 3. Die Zahl der zulässigen Überrollungen steigt also mit abnehmender Last rasch an.
Die Lebensdauer ergibt sich aus

$$L_h = L/n = \frac{(C/F)^{exp}}{n} \cdot 10^6 \quad [s] \quad \text{(Drehzahl n in s}^{-1}\text{ oder } \omega/2\pi) \quad (50)$$

Besondere Belastungsverhältnisse, Drehzahlgrenzen u. a. werden durch Faktoren, die vom Hersteller angegeben werden, berücksichtigt.
Der Zwang zu kompakter Bauweise hat zu einer zunehmenden Verwendung

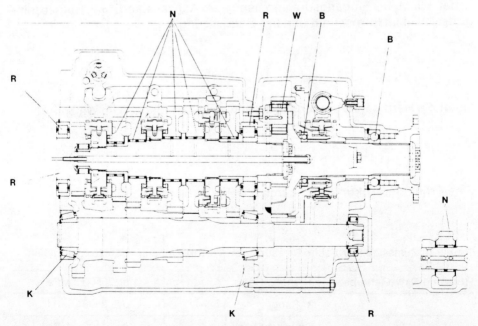

Bild 43: Wälzlager in Fahrzeuggetrieben (dargestellt anhand Neungang-Getriebe von ZF) INA Wälzlager Schaeffler
B Kugellager, K Kegelrollenlager, N Nadellager, R Rollenlager, W Walzenlager

Zur Dimensionierung von Fahrzeuggetrieben 101

von Nadellagern (teilweise vollnadelig) geführt, die den gleichen Gesetzen wie Kugel- oder/und Rollenlager gehorchen.
Bei Getriebelagern muß berücksichtigt werden, daß dasselbe Lager in verschiedenen Gängen unter unterschiedlichen Belastungen und Drehzahlen und unterschiedlich lange arbeitet. Die Lebensdauerberechnung der Lager muß diese besondere Einsatzart ebenso berücksichtigen, wie unterschiedliche Transportaufgaben und Straßenverläufe.

Tabelle 8: Fahrstrecken- und Drehmomentanteile in % für Pkw und Kombi (normale Überlandstrecke)

	Dreigang-Getriebe	Viergang-Getriebe Rel. Drehmoment M_o/m		
		$\leq 0{,}08$ Nm/kg	$> 0{,}08$ Nm/kg	
1. Gang	1	1	0,5	
2. Gang	9	2	1,2	Strecken-
3. Gang	90	6	4,3	anteil %
4. Gang	—	91	94,0	
1. Gang	60	70	65	
2. Gang	60	65	60	Äquivalentes
3. Gang	50	60	50	Drehmoment
4. Gang	—	60	50	$M_{äq}/M_o \cdot 100\,\%$

Dabei ist M_o das Drehmoment in Nm an der Stelle maximaler Leistung P_o und m die zulässige Gesamtmasse des Fahrzeugs in kg. Bei sehr elastischen oder aufgeladenen Motoren ist das maximale Drehmoment zu nehmen, allerdings verringern sich dann auch die Drehmomentanteile.
Bei Nkw ist wegen der großen Fahrzeugmasse die spezifische Leistung im Vergleich zum Pkw immer klein: $4{,}4$ W/kg $\leq P/m \leq 10$ W/kg, Minimalwert nach § 35 StVZO: 4,4 kW/t. Gewicht und Streckenverlauf sind daher Haupteinflußgrößen für die Weganteile in den Gängen.

Tabelle 9: Weganteile der Gänge für ein Nkw-Sechsgang-Getriebe (leichte Überlandstrecke)

Spezifische Leistung	Ganganteile in %			
	1.—3. Gang	4. Gang	5. Gang	6. Gang
4,5 W/kg	11	9	17,5	62,5
9,0 W/kg		3	5	92

Lebensdauerberechnung von Getriebelagern anhand der Strecken- und Ganganteile

Typische Modellstrecken, wie **Bild 44**, müssen bekannt oder aufgenommen werden. Darin sind die Streckenanteile y in % der Gesamtstrecke über einer äquivalenten Steigung in %, $(\tan \alpha)_{äq} \cdot 100$ %, aufgetragen. Der Begriff „äquivalente Steigung" berücksichtigt dabei sowohl die geodätischen Steigungen der Strecke, als auch andere Verkehrsgegebenheiten, wie Vorfahrt und Wartepflicht, Verkehrsampeln, enge Kurven u. ä., die eine Fahrweise ähnlich einer bestimmten Steigung (Gangwahl, Drehmoment usw.) erfordern.

Für ein gegebenes Fahrzeug und gegebene Getriebeübersetzungen kann nun errechnet werden, wieviel Prozent der Strecke ein bestimmter Gang aus Gründen der äquivalenten Steigung benutzt werden muß.

Dem Berechnungsbeispiel sind zugrunde gelegt:

Strecke: Normale Autobahn nach **Bild 44**.

Lkw mit $P_0 = 100\,000$ W, $m = 16\,000$ kg
$(i/r)_{min} = 10$ m^{-1}, Sechsgang-Getriebe

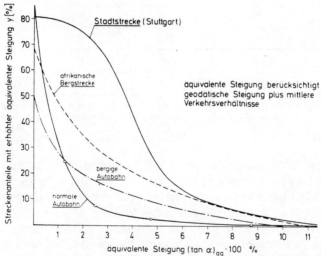

Bild 44: Modellstrecken zur Berechnung des Triebstrangs von Nutzkraftwagen
nach Daimler-Benz-Messungen

Landstraßen werden je nach ihrer Charakteristik von den Autobahnprofilen, Mittelgebirgs- und Alpenstraßen durch die „Afrikanische Bergstrecke" repräsentiert. Die „Stadtstrecke Stuttgart" zeigt die Kombination der Wirkungen von bergigen Stadtstraßen und Großstadtverkehr.

Wenn im 2. Gang nur eine Steigfähigkeit von 8,8 % besteht, die Strecke aber 0,5 % Anteil größere äquivalente Steigung als 8,8 % enthält, muß 0,5 der Strecke im ersten Gang gefahren werden, Weganteil vorletzte Spalte **Tab. 10**. Wenn die Strecke 2,5 % Anteil über 4,7 % äquivalente Steigung (Steigfähigkeit 2. Gang) besitzt, müssen 2,5 % des Weges im 1. und 2. Gang gefahren werden. Wenn davon aber 0,5 % im 1. Gang gefahren werden müssen, ist der Weganteil f des 2. Ganges 2 % und so fort.

Zur Dimensionierung von Fahrzeuggetrieben 103

Tabelle 10: Weganteile der Gänge eines Lkw-Getriebes für Modellstrecke (normale Autobahn)

	Übersetzung (gewählt)	Steigfähigkeit in % (errechnet)	Streckenanteil y in % aus **Bild 44** normale Autobahn	Weganteil f in %	relatives Drehmoment M_m/M_{max} (Erfahrung)
1. Gang	8,99	16,6	0	0,5	0,70
2. Gang	5,12	8,8	0,5	2,0	0,75
3. Gang	3,14	4,7	2,5	5,0	0,83
4. Gang	1,93	2,5	7,5	17,5	0,92
5. Gang	1,31	1,2	25,0	25,0	1,01
6. Gang	1,00	0,5	50,0	50,0	1,05

Entsprechend der Tabelle sind jetzt in jedem Gang bekannt:
mittlere Belastung, Weganteil f und dazu die Übersetzung Eingang zu Lager $\frac{\omega_e}{\omega_{la}}$ aus der bekannten Getriebegeometrie. Damit ergibt sich die Lebensdauerstrecke mit Gln. (9) und (10).

$$\frac{i}{r} = \frac{i_g \cdot i_f}{r} = \frac{\omega_e}{v} \; ; \quad v = \frac{\omega_e \cdot r}{i_f \cdot i_g} \; ; \quad \text{Strecke} \quad s = v \cdot t$$

t aus der Lagerberechnungsgleichung (50)

$$t = \frac{(C/F)^{exp}}{n_{la}} \cdot 10^6 = \frac{2\pi \cdot (C/F)^{exp}}{\omega_{la}} \cdot 10^6$$

$$s = \frac{2\pi \cdot r}{i_f} \cdot \frac{(C/F)^{exp} \cdot \omega_e}{i_g \cdot \omega_{la}} \cdot 10^6$$

$$s = \frac{2\pi \cdot r \cdot 10^6}{i_f} \cdot \frac{1}{\sum_{i_g} \frac{i_g \cdot f/100}{(C/F)^{exp}} \cdot \frac{\omega_{la}}{\omega_e}} \quad [m] \tag{51}$$

i_f		feste Überzeugung, hier die der Hinterachse
i_g		variable Übersetzung, hier die des Getriebegangs
C	N	dyn. Tragzahl des Lagers aus Katalog (10^6 Überrollungen)
F	N	Lagerbelastung
ω_{la}	rad/s	Winkelgeschwindigkeit der Lagerwelle
ω_e	rad/s	Winkelgeschwindigkeit Drehzahl der Getriebeeingangswelle
r	m	Reifenradius

Beispiel:

Für das Lager der Vorgelegewelle motorseitig (ω_e/ω_{la} ist in allen Gängen gleich) und mit den Werten:

$$i_f = 5{,}26; \quad \omega_e/\omega_{la} = 2{,}158; \quad r = 0{,}519 \text{ m}; \quad C = 64\,000 \text{ N}$$

ergibt sich die Belastung des Lagers in den einzelnen Gängen aus den Zahnkräften, der Lage der Zahnräder und dem Faktor des äquivalenten Motordrehmoments zu

$$F_I = 11\,040 \text{ N}; \quad F_{II} = 12\,620 \text{ N}; \quad F_{III} = 12\,310 \text{ N};$$
$$F_{IV} = 12\,840 \text{ N}; \quad F_V = 12\,700 \text{ N}; \quad F_{VI} = 0 \text{ (direkter Gang)}$$

$$s = \frac{\dfrac{2\pi \cdot 0{,}519 \cdot 10^6}{5{,}26} \cdot 2{,}158}{\dfrac{8{,}99 \cdot 0{,}005}{\left(\dfrac{64000}{11040}\right)^{\tfrac{10}{3}}} + \dfrac{5{,}12 \cdot 0{,}02}{\left(\dfrac{64000}{12620}\right)^{\tfrac{10}{3}}} + \dfrac{3{,}14 \cdot 0{,}05}{\left(\dfrac{64000}{12310}\right)^{\tfrac{10}{3}}} + \dfrac{1{,}93 \cdot 0{,}175}{\left(\dfrac{64000}{12840}\right)^{\tfrac{10}{3}}} + \dfrac{1{,}31 \cdot 0{,}25}{\left(\dfrac{64000}{12700}\right)^{\tfrac{10}{3}}}}$$

$$s = 309{,}55 \cdot 10^6 \text{ m}$$

5.4.4 Getriebeverluste

Im Getriebe entstehen folgende Verluste:

— Zahneingriffsverluste,
— Lagerverluste,
— Planschverluste.

$$P_v = (P_v)_z + (P_v)_{la} + (P_v)_{pl} \quad [\text{W}] \tag{52}$$

Die Lagerverluste $(P_v)_{la}$ können insbesondere bei Wälzlagern vernachlässigt werden. Die Planschverluste $(P_v)_{pl}$ entstehen durch das Eintauchen der Zahnräder in das Öl, das sie hochschleudern. Ihre Größe hängt daher stark von der Konstruktion ab und kann nicht allgemein angegeben werden, sie ist nicht last-, sondern drehzahlabhängig.

$$(P_v)_{pl} \approx p_{pl} \cdot \omega_{pl}^2 \quad [\text{W}] \tag{53}$$

Als Anhaltswert für eine Vorgelegewelle mit 4 bis 6 festen Rädern und betriebswarmem Öl kann gelten:

leichter Pkw $\quad 5 \cdot 10^{-3} \text{Nm} \cdot \text{s} \leq p_{pl} \leq 10 \cdot 10^{-3} \text{Nm} \cdot \text{s} \quad$ schwerer Nkw;

ω_{pl} ist die Winkelgeschwindigkeit der eintauchenden Räder.

Zur Dimensionierung von Fahrzeuggetrieben 105

Die Zahnwälzverluste $(P_v)_z$ entstehen an jedem Zahneingriff durch den Gleitanteil beim Abwälzen der Zähne. Sind mehrere Verzahnungen unter Last im Eingriff, so müssen die einzelnen Wirkungsgrade multipliziert werden. Der Gleitanteil verändert sich längs der Eingriffslinie, er ist im Wälzpunkt = Null, sonst aber stark von der Zähnezahl der kämmenden Räder und der Zahnform abhängig. Für den Verlustgrad eines Zahneingriffs (Verlustleistung/Eingangsleistung), läßt sich ableiten:

$\xi_z = k \, (1/z_1 \pm 1/z_2);$ daraus der Wirkungsgrad $\eta = 1 - \xi_z$

+ Außen-Außenverzahnung   k = Verlustfaktor
− Außen-Innenverzahnung   f = Eingriffsfaktor

$k = \pi \cdot \mu_z \cdot f$

μ_z = Reibwert zwischen den Zahnflanken;
für gehärtete und geschliffene oder geschabte Flanken gilt
$0{,}06 \leq \mu_z \leq 0{,}08$

$$f = 1 - \frac{g_\alpha}{p_e} + \frac{g_f^2}{p_e^2} + \frac{g_a^2}{p_e^2}$$

f muß der Verzahnung entnommen werden. In **Bild 39** z. B. f = 0,626. Für Überschlagsrechnungen kann angesetzt werden

k = 0,15 Außen-Außenverzahnung, k = 0,20 Außen-Innenverzahnung

Für den Einzeleingriff gilt dann $(P_v)_z = \xi_z \cdot (P_e)_z$

Einflußgrößen auf den Verlustgrad zeigt **Bild 45**.

Beispiel der Verlustberechnung eines Pkw-Viergang-Getriebes für den 1. und direkten Gang, Zahnräder auf der Vorgelegewelle fest.

Übersetzung 1. Gang $i_I = i_k \cdot i_1 = 4$

Zähnezahl: Konstante $i_k = 52/39 = 1{,}33$; f = 0,8; $\mu_z = 0{,}07$; k = 0,176
Gangpaar $i_1 = 45/15 = 3$; f = 0,7; $\mu_z = 0{,}07$; k = 0,154

1) Ölplanschverluste nach Gl. (53) für 2 Drehzahlen mit $p_{pl} = 0{,}005$ Nm · s

$\omega_e = 262$ rad/s (2 500 1/min)
$\omega_e = 524$ rad/s (5 000 1/min)

$(P_v)_{pl} = p_{pl} \cdot (\omega_e/i_k)^2$ $(P_v)_{pl, 2500} = 194$ W
$(P_v)_{pl, 5000} = 776$ W

Im direkten Gang gehören auf der Fahrwiderstandslinie zu diesen Drehzahlen Leistungen von 20 kW bzw. 100 kW, was einem Wirkungsgrad von 99,0 % bzw. 99,2 % entspricht.

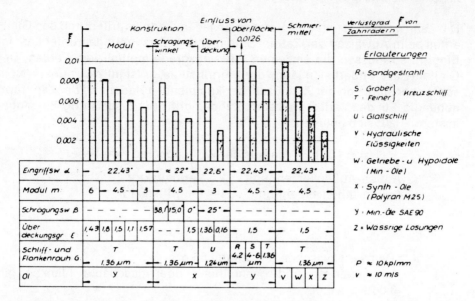

Bild 45: Verlustgrad von Evolventenverzahnungen
nach einer Veröffentlichung in VDI-Nachrichten

Einflußgrößen:
Betriebseingriffswinkel α
Modul m
Schrägungswinkel β
Überdeckungsgrad ε
Rauhigkeit G
Schmiermittel

2) Zahnverluste 1. Gang

$$\xi_k = 0{,}176 \left(\frac{1}{39} + \frac{1}{52}\right) = 0{,}0079; \quad \eta_k = 0{,}992 \quad \text{(Radpaar Konstante)}$$

$$\xi_1 = 0{,}154 \left(\frac{1}{15} + \frac{1}{45}\right) = 0{,}0137; \quad \eta_1 = 0{,}986 \quad \text{(Radpaar 1. Gang)}$$

Aus Ölplansch- und Verzahnungsverlusten errechnet sich im 1. Gang ein Wirkungsgrad von

$$\eta_I = \left(1 - \frac{(P_v)_{pl}}{P_e}\right) \cdot \eta_k \cdot \eta_1$$

Das ergibt bei Maximaldrehzahl

für Teillast $P_e = 20$ kW $\eta_I = 0{,}94$
für Vollast $P_e = 100$ kW $\eta_I = 0{,}97$

5.5 Schaltmittel

Die konstruktive Ausführung von Handschaltgetrieben hängt stark von der Art ab, wie die Loszahnräder in den Kraftfluß gebracht werden. Die Verbindung ist immer formschlüssig und erfordert daher zum Öffnen oder Schließen die Unterbrechung des Antriebsdrehmomentes und eine Anpassung der Drehzahlen der zu verbindenden Teile (Synchronisierung).
Die Verbindung zwischen Motor und Getriebe wird nach Schließen des Motorstellglieds (Gaswegnahme) durch Öffnen der Anfahrkupplung unterbrochen (Auskuppeln).
Die Drehzahlanpassung der zu verbindenden Teile muß vom Fahrer vorgenommen werden. Die Schaltzeit soll möglichst klein sein, um die Zeit der Zugkraftunterbrechung abzukürzen. Das ist besonders bei Nutzkraftwagen an Steigungen wichtig, weil sich die Fahrgeschwindigkeit während der Zugkraft-(Bremskraft-) Unterbrechung ändert, und dadurch der Gangwechsel bei kleiner Fahrgeschwindigkeit u. U. unmöglich wird.
Bei nur formschlüssigen Verbindungselementen wird die Drehzahlanpassung

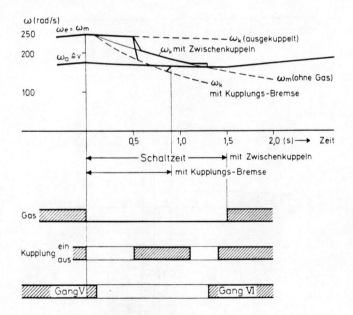

Bild 46: Gangwechsel bei Allklauen-Getrieben

Winkelgeschwindigkeit ω_a Getriebeausgang
ω_e Getriebeeingang
ω_k Kupplungsscheibe
ω_m Motor
Fahrgeschwindigkeit v

Bild 46a: Hochschaltung vom 5. in den 6. Gang
Schaltung mit Zwischenkuppeln oder mit Getriebebremse

Handgeschaltete Stufengetriebe

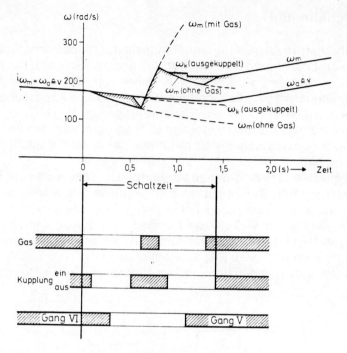

Bild 46b: Rückschaltung vom 6. in den 5. Gang
Schaltung mit Zwischengas-Geben

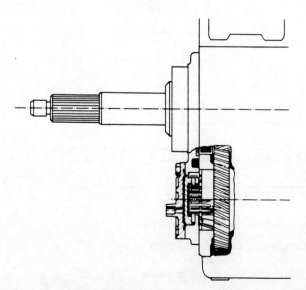

Bild 46c: Getriebebremse für Allklauen-Getriebe Zahnradfabrik Friedrichshafen

Die Bremse wird nach dem Auskuppeln automatisch betätigt und bremst dann die Vorgelegewelle und damit über das Radpaar der Konstante auch die Kupplungsscheibe ab. Beim Hochschalten ist daher kein Zwischenkuppeln nötig.

Schaltmittel 109

beim Hochschalten durch Zwischenkuppeln und beim Zurückschalten durch Zwischengasgeben erreicht.

Durch das Zwischenkuppeln beim Hochschalten, **Bild 46a**, wird die Drehzahl der Kupplungsscheibe dadurch schneller auf das neue Niveau abgebaut, daß sie an der rascher abgefallenen Drehzahl des Motors abgebremst wird. Die Hochschaltung ist zwar auch ohne Zwischenkuppeln möglich, da Reibung und Planschen die Drehzahl der Kupplungsscheibe verringern, doch dauert das sehr lange. Um den Drehzahlabfall der Kupplungsscheibe zu beschleunigen und damit die Zugkraftunterbrechung abzukürzen, werden bei Allklauen-Getrieben häufig Getriebebremsen vorgesehen, die beim Auskuppeln die Vorgelegewelle abbremsen, **Bild 46c**.

Beim Rückschalten, **Bild 46b**, ist Zwischengasgeben der einzige Weg, um die Kupplungsscheibe und das damit verbundene Loszahnrad durch kurzes Ankuppeln an den hochgedrehten Motor auf das erforderliche höhere Drehzahl-Niveau zu bringen. Da der Motor unter Gas sehr viel schneller Drehzahl gewinnt, als ohne Gas Drehzahl verliert, ist die Zugkraftunterbrechung der Rückschaltung gewöhnlich kürzer als die der Hochschaltung.

5.5.1 Rein formschlüssige Verbindungen

5.5.1.1 Schiebezahnräder, **Bild 47**

Schiebezahnräder sind die einfachste und älteste Verbindungsform, die früher fast ausschließlich, heute nur noch für den Rückwärtsgang, selten auch noch für den 1. Gang, verwendet wird. Bei der Schaltung durch Schiebezahnräder ist eines der beiden Zahnräder zwar über Keilnuten auf seiner Welle drehfest, aber axial verschieblich angeordnet und kann so mit dem Gegenzahnrad, das auf seiner Welle sowohl axial- als auch drehfest montiert ist, in und außer Eingriff gebracht werden. Zum besseren Einfädeln müssen die Zähne beider Räder an den Stirnseiten angeschrägt sein. Bei Schrägverzahnung muß zur Vermeidung von Achsschub die Keilverzahnung der Welle des Schiebezahnrades schraubenförmig mit gleicher Steigungsrichtung ausgebildet sein.

Der Nachteil von Schiebezahnrädern ist die große Gefahr der Beschädigung der Zähne durch Schläge beim Schalten, wenn die Drehzahlen beim Einschieben noch unterschiedlich sind. Ist aber auch nur ein Zahn beschädigt, gibt das nicht nur ein Geräusch, sondern er gefährdet auch den sicheren Lauf im Betrieb, weil er mit immer anderen Zähnen des Gegenrades kämmt.

5.5.1.2 Klauenschaltung, **Bild 48**

Als Abhilfe werden die Aufgaben „Drehmomentwandeln durch Zahnräder" und „Verbinden mit der zugehörigen Welle" getrennt. Die Zahnradpaare sind dauernd im Eingriff und axial festgelegt. Das Loszahnrad, das sich auf seiner Welle frei drehen kann, trägt eine Klauenverzahnung oder andere Elemente für eine formschlüssige Kupplung. Auf der Welle drehfest, aber axial verschieblich, ist eine Muffe angeordnet, die die Gegenklauen (Formschlußelemente) trägt. Alle Klauen beider Teile sind angeschrägt.

Bild 48: Schaltelement Klauenkupplung
Zahnradfabrik Friedrichshafen

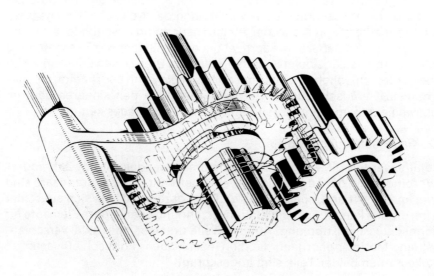

Bild 47: Schaltelement Schiebezahnrad
Zahnradfabrik Friedrichshafen

Schaltmittel

Weil bei der Axialverschiebung der Schaltmuffe viele Klauenzähne, die allein nach der Kupplungsaufgabe dimensioniert werden können, gleichzeitig zum Fassen kommen, ist eine Beschädigung auch bei ungenügender Drehzahlangleichung unwahrscheinlich, und sie würde darüber hinaus nie den Zahneingriff stören.

Da größere Umfangsluft zwischen den Klauen der Kupplung das Schalten erleichtert, im Betrieb aber wegen des Spiels bei Schub-Zug-Wechsel (Gaswegnehmen, Gasgeben) nicht akzeptiert werden kann, werden auch abgesetzte Klauen angewendet. Um ein Lösen unter Last zu vermeiden, werden die Klauen teilweise etwas hinterschnitten.

Die Klauenkupplungen sind in der Regel paarweise wirksam, so daß mit einer Schaltmuffe zwei Gänge geschaltet werden können. Allklauen-Getriebe — das ist der Name für Getriebe, deren Gänge nur mit Klauenkupplungen geschaltet werden — werden heute nur noch in Nutzkraftwagen, auch dort zurückgehend, eingebaut, weil nur noch Berufs-Fahrer das Schalten mit Zwischenkuppeln und Zwischengasgeben beherrschen.

5.5.2 Sperrsynchronisierung

Auf Zwischenkuppeln und Zwischengasgeben kann immer dann verzichtet werden, wenn die Drehzahlangleichung der zu schaltenden Elemente auf anderem Wege durchgeführt wird. Weil Zwischenkuppeln und Zwischengasgeben viel Training, Übung und Gefühl verlangen, die von Pkw-Fahrern nicht immer erwartet werden können, wurden in verschiedenen Entwicklungsstufen Vorrichtungen entwickelt, mit denen die Drehzahlen der zu kuppelnden Teile, vor Herstellung der formschlüssigen Verbindung, aneinander angeglichen (synchronisiert) werden können.

Zwei Lösungswege bieten sich an:
— Aktive Regelung der Motordrehzahl,
   eine Lösung, an der heute wieder gearbeitet wird, seit die elektronische Datenverarbeitung neue Möglichkeiten der Drehzahlregelung eröffnet,
— Drehzahlanpassung durch einen zusätzlichen kleinen Drehzahlwandler, der vor der Klauenkupplung zur Wirkung gebracht wird.
   Diese Art von Synchronisiereinrichtung ist heute allgemein gebräuchlich.

Als Drehzahlwandler werden bevorzugt Konuskupplungen verwendet, die die vom Fahrer über Schalthebel und Schaltgabel auf die Schaltmuffe aufgebrachte Axialkraft verstärken. Wird durch Sperrglieder erreicht, daß das Einschalten der formschlüssigen Klauenkupplung erst nach beendetem Synchronisiervorgang möglich ist, so wird das Sperrsynchronisierung genannt.

Von den zahlreichen Ausführungsformen, die möglich sind und von denen im Laufe der Entwicklung eine Reihe auch verwirklicht wurden, werden nur drei Arten der Sperrsynchronisierung, die sich allgemein gegenüber der einfachen Synchronisierung (ohne Sperre) durchgesetzt hat, beschrieben.

5.5.2.1 Sperrsynchronisierung System ZF ‚B', **Bild 49 a**

Durch die Schaltung soll eine feste Verbindung zwischen dem Synchronkörper 4, der auf der Ausgangswelle dreh- und verschiebefest sitzt, und einem der Loszahnräder 1, die auf der gleichen Welle zwar axial fest, aber drehbar gelagert sind, hergestellt werden.

Wird von der Schaltgabel über die Schiebemuffe 8 eine Axialkraft aufgebracht, so wird zuerst der Synchronring 3 auf den Konus des Kupplungskörpers 2 gedrückt. Bei unterschiedlicher Drehzahl wird jetzt der Synchronring etwas verdreht (er hat dazu ein kleines Tangentialspiel gegenüber der Schiebemuffe), und seine Zähne schieben sich dabei vor die Zähne der Schiebemuffe, so daß diese nicht mehr weiter axial verschoben werden kann. Jede Krafterhöhung verstärkt sowohl die Synchronisier- als auch die Sperrkraft.

Erst wenn kein Drehzahlunterschied mehr vorhanden ist (Gleichlauf), kann die Schiebemuffe den Synchronring 3 mit Hilfe der Schräge der Sperrzähne beiseite schieben und zum Kuppeln mit dem Kupplungskörper 2, der mit dem Loszahnrad 1 verbunden ist, weiterbewegt werden.

Bild 49 b zeigt die Einzelteile dieser Synchronisierung.

Die Sperrbedingung ergibt sich wie folgt (Bezeichnungen aus **Bild 49 a**):

Die Axialkraft F_A erzeugt über den Konuswinkel γ die Normalkraft F_N

$$F_N = \frac{F_A}{\sin\gamma}$$

daraus mit μ_k als Reiwert der Konusflächen die Umfangskraft an der Konuskupplung $(F_u)_k$

$$(F_u)_k = \frac{\mu_k \cdot F_A}{\sin\gamma}$$

und mit dem Radius des Konus r_k das Synchronisiermoment M_s.

$$M_s = \frac{r_k \cdot \mu_k}{\sin\gamma} \cdot F_A$$

Die *sperrende* Umfangskraft $(F_u)_s$ an der Verzahnung des Sperringes ist

$$(F_u)_s = (F_u)_k \cdot \frac{r_k}{r_s} = \frac{\mu_k \cdot F_A}{\sin\gamma} \cdot \frac{r_k}{r_s}$$

Die *lösende* Umfangskraft am Sperring $(F_u)_l$

$$(F_u)_l = \frac{F_A}{\tan(\alpha + \rho)}$$

Schaltmittel

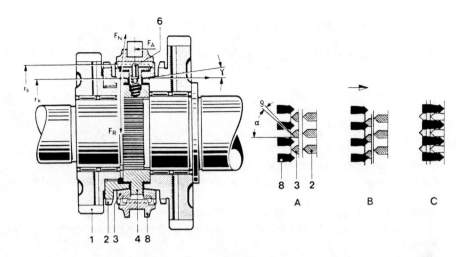

Bild 49a: Sperrsynchronisierung System ZF ‚B'
Arbeitsprinzip
A Mittelstellung, B Synchronisieren, C Gang geschaltet;
r_k Radius der Konuskopplung, r_s Radius der Sperrzähne, γ Konuswinkel, α Winkel der Anschrägung der Schaltzähne, ρ Reibungswinkel;
F_A Anpreßkraft, F_N Normalkraft, F_R Radialkraft (Pfeile sind nicht maßstäblich)

Bild 49: Schaltelement Sperrsynchronisierung
System ZF ‚B' (Borg Warner)   Zahnradfabrik Friedrichshafen
1 Loszahnrad, 2 Kupplungskörper, 3 Synchronring, 4 Synchronkörper, 5 Feder, 6 Rastenbolzen, 7 Druckstück, 8 Schiebemuffe

Bild 49b: Sperrsynchronisierung System ZF ‚B'
Einzelteile

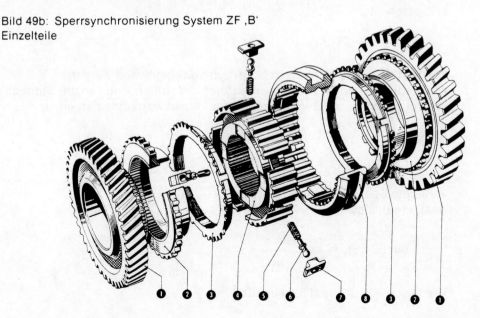

mit α = Winkel der Anschrägung und mit ρ = Reibungswinkel von Sperr- und Schaltzähnen.
Daraus ergibt sich die Sperrbedingung:

$$(F_u)_s \geq (F_u)_l \triangleq \frac{\mu_k}{\sin \gamma} \cdot \frac{r_k}{r_s} \geq \frac{1}{\tan(\alpha + \rho)} \tag{54}$$

Es wird angestrebt:

— Großes Synchronisiermoment M_s bei kleiner Axialkraft F_A.
  Das verlangt großen Radius r_k, großen Reibwert μ_k und kleinen Konuswinkel γ.
— Sichere Sperrwirkung während des Synchronisiervorgangs.
  Das verlangt deutlich höhere Werte der linken Seite der Ungleichung für die Sperrbedingung.
— Leichtes Einschieben der (Zahn-)Kupplung.
  Dazu soll $\tan(\alpha + \rho)$ nicht zu groß sein.

Die Einbauverhältnisse begrenzen darüber hinaus die radiale und axiale Dimension der Schalt- und Synchronisiervorrichtung.
Von folgenden Erfahrungswerten muß ausgegangen werden:
Reibwert für Bronze (Sperring) auf Stahl, geschmiert, Oberfläche mit Längs- und Quer-(Schrauben-)Nuten zur Trennung des Ölfilms

$$0{,}08 \leq \mu_k \leq 0{,}1$$

Der Konuswinkel muß mindestens so groß sein, daß Selbsthemmung ausgeschlossen ist

$$6°30' \leq \gamma \leq 7°30'$$

Lösewinkel α muß dann nach Sperrbedingung gewählt werden.
Alle Bedingungen lassen sich umso leichter erfüllen, ohne an die Grenzen der Winkel gehen zu müssen, je größer das Radiusverhältnis r_k/r_s ist.

Beispiel:

$$r_k/r_s = 0{,}83; \quad \mu_k = 0{,}1; \quad \gamma = 7°; \quad \rho = 5°;$$

verlangte Sperrsicherheit $S = 1{,}05$
dann ergibt sich

$$\tan(\alpha + \rho) = \frac{r_s}{r_k} \cdot \frac{\sin \gamma}{\mu_k} \cdot S \qquad \alpha = 52°$$

Werte von $90° \leq 2\alpha \leq 110°$ sind üblich.

Schaltmittel 115

5.5.2.2 Doppelkonus-Synchronisierung, System Borg-Warner

Eine interessante Weiterentwicklung der Synchronisierung nach **Bild 49** ist die Borg-Warner-Doppelkonus-Synchronisierung nach **Bild 50**.

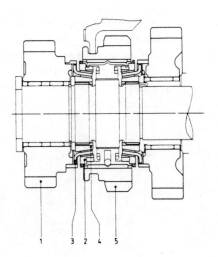

Bild 50: Doppelkonus-Synchronisierung System Borg-Warner
Funktion ähnlich der Synchronisierung nach Bild 49, aber Wirkung verstärkt.
1 Loszahnrad
2 Synchronring
3 Doppelkonusring innen und außen mit organischem Reibmaterial belegt.
4 Konusring
5 Schiebemuffe

Das Loszahnrad 1 trägt dabei den Doppelkonusring 3, der mit ihm drehfest aber axial verschieblich verbunden ist. Dieser Doppelkonusring trägt sowohl innen wie außen einen organischen Reibbelag. Wird die Schiebemuffe 5 axial verschoben, so drückt der Synchronring 2, der die Sperrzähne trägt, den Doppelkonusring 3 gegen den konischen Innenring 4, der axial- und drehfest mit der Welle verbunden ist.
Bei Drehzahldifferenz von Schiebemuffe 5 und Loszahnrad 1 kann sich der Synchronring 2 etwas verdrehen und so die weitere Axialbewegung der Schiebemuffe solange verhindern, wie unterschiedliche Drehzahlen vorhanden sind. Bei Drehzahlgleichheit am Ende des Synchronisierungsvorgangs kann die Schiebemuffe axial weiterbewegt und ihre Innenverzahnung in die Außenschaltverzahnung des Losrads geschoben werden.
Als Reibbelag sind hier erstmals Papierbeläge benutzt, ähnlich denen, die für Reiblamellen in automatischen Getrieben verwendet werden. Für diese Konusreibbeläge werden eine Druckfestigkeit von 5 bis 7 MPa und ein Reibwert μ_k von 0,13 bis 0,14 angegeben. Der Konuswinkel kann (und muß) auf etwa 9° vergrößert werden.
Die Leistungsfähigkeit dieser Synchronisier-Einrichtung ist sowohl durch den Doppelkonus verdoppelt und als auch durch den hohen Reibwert gesteigert, der nicht ganz vom größeren Konuswinkel kompensiert wird. Das neue Reibmaterial wird auch mit Einfachkonus-Synchronisierung angeboten.

5.5.2.3 Sperrsynchronisierung System Mercedes-Benz, **Bild 51**

Die Mercedes-Benz-Synchronisierung, die seit 1982 in allen MB-Pkw-Getrieben und zunehmend auch in die Nkw-Getriebe eingebaut wird, zeichnet sich aus durch:

— Die Konuskupplung ist in bezug auf die Klauenkupplung nach außen verlegt und damit ihr Durchmesser wesentlich vergrößert, was das Synchronsiermoment gegenüber der Axialkraft erhöht.
— Die axiale Baulänge ist kleiner, damit können die Zahnräder zusammengerückt werden, was die Entfernung zwischen den Wänden und damit den Lagerabstand verkürzt.
— Die Synchronisier- und Sperrfunktion sind unempfindlicher.
— Die Anzahl der Teile ist verringert.

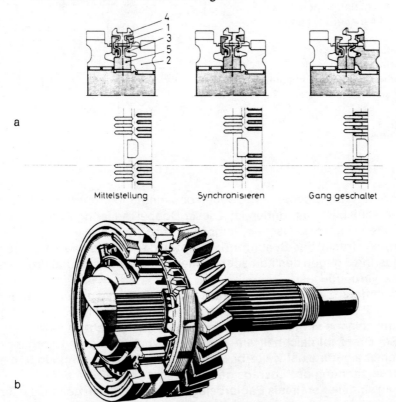

Bild 51: Sperrsynchronisierung System Mercedes-Benz   Daimler-Benz
1 Synchronring, 2 Loszahnrad, 3 Ringfeder, 4 Schiebemuffe, 5 Gleichlaufkörper

Bild 51a: Sperrsynchronisierung System Mercedes-Benz
Arbeitsprinzip

Bild 51b: Sperrsynchronisierung System Mercedes-Benz
Ansicht

Schaltmittel 117

Der Synchronring 1 läuft mit dem Loszahnrad 2 um. Er kann sich relativ zum Rad sowohl in Umgangsrichtung um einen bestimmten Betrag verdrehen als auch nach Überwinden einer Ringfeder 3 axial verschieben.
Wird die Schiebemuffe 4 von der Schaltgabel axial verschoben, so berühren sich auch hier zuerst die beiden Konusflächen, wodurch der Synchronring bis zu seinem Anschlag im Loszahnrad verdreht wird. Seine Sperrnasen legen sich dabei so vor eine Anschrägung im Loszahnrad, daß Schiebemuffe und Synchronring nicht weiter bewegt werden können. Wenn nach Ende des Synchronisiervorgangs das Sperrdrehmoment zu null geworden ist, können die Anschrägungen an den Sperrnasen des Loszahnrads 2 und des Synchronrings 1 diesen relativ zum Rad zurückdrehen. Schiebemuffe 4 und Synchronring 1 können jetzt gemeinsam axial verschoben und damit die Klauenkupplung zwischen Loszahnrad und Schiebemuffe geschlossen werden. Damit ist die formschlüssige Kupplung zwischen dem Gleichlaufkörper 5, der auf der Getriebeausgangswelle befestigt ist, und dem Loszahnrad 2 hergestellt.
Bei der axialen Bewegung der Schiebemuffe wird die Ringfeder 3 aus ihrer Nut gedrückt und entlang der konischen Fläche in den Hohlraum des Loszahnrads geschoben. Die Schräge ist so gewählt, daß die Radialspannung der Ringfeder immer eine axiale Rückstellkraft auf den Synchronring ausübt, die diesen wieder in seine Ausgangslage zurückbringt, wenn beim Lösen des Gangs die Schiebemuffe aus der Kupplungsverzahnung heraus bewegt wird. Zur Sicherung der Verbindung des geschalteten Gangs sind die Kuppelzähne etwas hinternommen.
Wegen der günstigen Radienverhältnisse $r_k/r_s = 1{,}24$ können, bei gleichem Konus- und Reibungswinkel und gleicher Sicherheit, der Lösewinkel auf $\alpha = 41°$ verkleinert oder bei $\alpha = 52°$ die Sperrsicherheit auf über 1,5 erhöht oder die gewonnenen Reserven anders günstig auf die Einzelfaktoren verteilt werden.

5.5.2.4 Sperrsynchronisierung System Porsche, Bild 52

Der Klauenring ist drehfest, aber axial verschieblich, auf dem Gleichlaufkörper gelagert. Mit dem zu schaltenden Losrad ist der Kupplungskörper fest verbunden, während Synchronring, Stein, Anschlag und Sperrband zwar in Umfangsrichtung mitgenommen werden, aber eine gewisse Beweglichkeit besitzen.
Eine axiale Verschiebung des Klauenrings bringt dessen Innenschräge mit der Gegenphase des Synchronrings in Kontakt und versucht, bei Drehzahlunterschied diesen zu verdrehen. Der Synchronring stützt sich dabei über den Stein und das Sperrband am Anschlag bzw. am Kupplungskörper ab. Daraus entstehen Radialkräfte, die den geschlitzten Synchronring umso stärker nach außen drücken, je größer die axiale Anpreßkraft der Muffe ist, so daß sich diese solange nicht weiter bewegen läßt, wie noch Differenzdrehzahl vorhanden ist. Erst danach fallen die hemmenden Spreizkräfte weg und die formschlüssige Kupplung zwischen Kupplungskörper und Klauenring bzw. Welle kann vollendet werden.

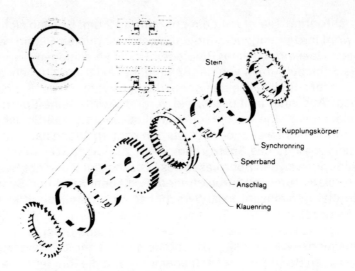

Bild 52: Sperrsynchronisierung System Porsche   nach Bussien, Erg.-Band

5.5.3 Schaltvorrichtungen, Bild 53

In die Schaltmuffen 5 der Klauenkupplungen greifen Schaltgabeln 4 ein, die an Schaltschienen 3 befestigt sind. Die Schaltschienen sind im Gehäuse oder Deckel gelagert. Jede Schaltgabel und Stange hat 2 End- und eine Mittelstellung.

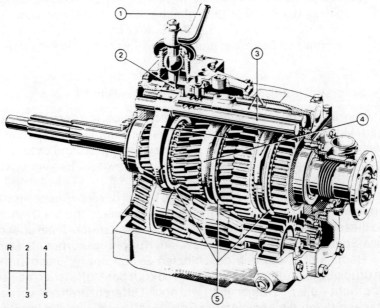

Bild 53: Fünfgang-Getriebe mit aufgesetztem Schalthebel, ZF S5—32/2
Zahnradfabrik Friedrichshafen
1 Schalthebel, 2 Schaltfinger, 3 Schaltschienen, 4 Schaltgabeln, 5 Schaltmuffen

Schaltmittel 119

In Nuten dieser Schaltschienen greift der Schaltfinger 2 des Schalthebels 1 ein. Bei Bewegung längs des Querstrichs des ‚H' (daher H-Schaltung) sucht sich der Hebel die richtige Schaltschiene, bei der Längsbewegung werden dann Schaltschiene, Muffe und Klauenkupplung evtl. noch Synchronisierung bewegt und der Gang geschaltet oder gelöst.

Wenn der Schalthebel, den der Fahrer bedient, nicht direkt über dem Getriebe liegen kann, werden zwischen Schalthebel und Schaltfinger im Getriebe noch Gestänge- oder Drehwellenverbindungen eingefügt, die u. U. sehr lang sein können (z. B. bei Omnibus mit Heckmotor). Die Bewegungen des Schalthebels müssen dann am Getriebe wieder in eine Wähl- und eine Schaltbewegung umgeformt werden, was z. B. bei der Ausführung nach **Bild 54 a** durch die Koppel gelingt.

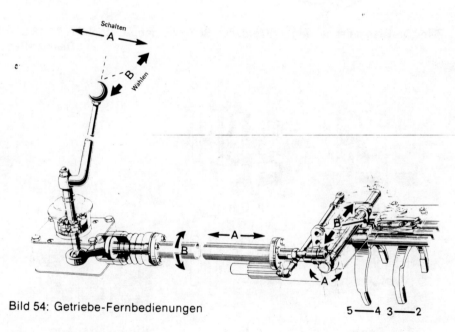

Bild 54: Getriebe-Fernbedienungen

Bild 54a: Drehwellen-Fernschaltung

Zahnradfabrik Friedrichshafen

Bei kürzeren Entfernungen zwischen Schalthebel und Getriebe finden sich auch Lösungen, bei denen die Schaltgabeln an im Gehäuse drehbaren Hebeln befestigt sind, die durch Gestänge von außen bewegt werden. Die „Gassenwahl" ist dann getrennt vom Getriebe unterhalb des Schalthebels angeordnet und von dort geht zu jedem Getriebehebel ein Gestänge, **Bild 54 b**.

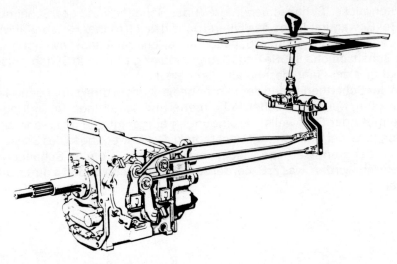

Bild 54b: Dreistangenschaltung für Mercedes-Benz-Viergang-Getriebe G 76/18 E
Daimler-Benz

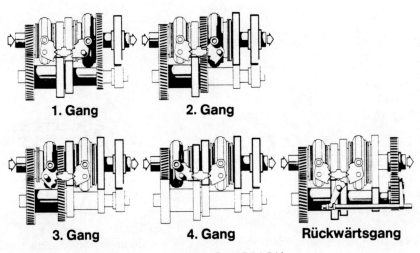

1. Gang 2. Gang

3. Gang 4. Gang Rückwärtsgang

Bild 54c: Gangverriegelung zu Getriebe nach Bild 54 b

Wenn ein Gang geschaltet ist, sind die freien Schaltelemente in Mittellage verriegelt, als Beispiel **Bild 54 c**.
Für schwierig zu bedienende Nkw-Getriebe, besonders Gruppengetriebe mit vielen Gängen und häufigem oder schwierigem Gruppenwechsel, werden Schalthilfen, meist pneumatisch betrieben, eingesetzt, **Bild 54 d**.

Schaltmittel

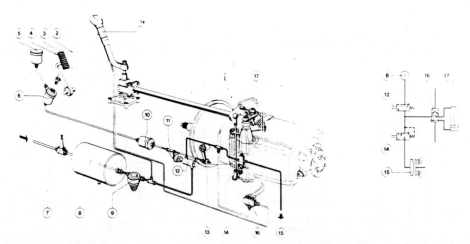

Bild 54d: Pneumatische Schalthilfen für Vorschaltgruppe und Getriebebremse, ZF-Allklauen-Getriebe   Zahnradfabrik Friedrichshafen
1 Schalthebel mit Vorsteuerventil für die Schaltung der Splitgruppe
2 Kupplungspedal, Ruhestellung
3 Kupplungspedal, Stellung Kupplung völlig getrennt
4 Überweg der Kupplung; erst hier darf Auslöseventil (12) Druckluft freigeben
5 Nachfüllbehälter
6 Geber-Zylinder für hydraulische Kupplungsbetätigung
7 Überströmventil ohne Rückströmung
8 Druckluftbehälter unabhängig vom Bremsluftbehälter
9 Druckluftreiniger mit Wasserabscheider und Entwässerungsventil (wenn nötig)
10 Nehmer-Zylinger für Kupplungsbetätigung
11 Betätigungsglied für Auslöseventil
12 Auslöseventil (3/2-Wegeventil)
13 Nachstelleinrichtung für Kupplung
14 Neutralstellungsventil (3/2-Wegeventil, von der Drehwelle des Getriebes gesteuert)
15 Zur Kupplungsbremse, Anbau antriebsseitig an der Vorgelegewelle
16 Relaisventil (4/2-Wegeventil)
17 Zweistellungs-Druckluftzylinder für die Splitgruppe

Eine noch weitergehende Bedienungserleichterung von Vielgang-Nkw-Getrieben stellt die „Elektronisch-pneumatische Schaltung", EPS, von Daimler-Benz dar, **Bild 54e**.
Der Schalthebel ist nicht mehr mechanisch mit dem Getriebe verbunden, sondern ist zu einem Kommandohebel geworden, mit den einfachen Befehlen: Hochschaltung oder Rückschaltung. Die EPS-Elektronik wählt anhand der Informationen über den geschalteten Gang und die Fahrgeschwindigkeit den Gang, der dem Fahrkommando am besten entspricht. Aber erst, wenn der Fahrer die Kupplung tritt, werden die entsprechenden Befehle an elektropneumatische Ventile gegeben, die die entsprechenden Servostellzylinder für die Gruppen-, Gassen- und Gangwahl des Hauptgetriebes ansteuern. Die Schaltungen der vollsynchronisierten Getriebe laufen durch die Hilfskraft sehr rasch ab. Der geschaltete Gang wird angezeigt, Schaltempfehlungen können

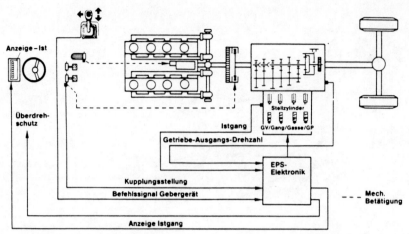

Bild 54e: Elektronisch-pneumatische Schaltung, Mercedes-Benz-EPS, für Nkw-Vielgang-Getriebe   Daimler-Benz
Fingertip-Servoschaltung für alle Gänge, keine mechanische Verbindung zwischen Kommandohebel und Getriebe.

gegeben werden, und Fehlschaltungen sind ausgeschlossen. Der Fahrer kann in jeder Situation durch eine einfache Querbewegung des Kommandohebels das Getriebe in den Leergang schalten. Mit dieser Einrichtung behält der Fahrer die volle Kontrolle, wird nie von Schaltungen überrascht, aber die Mühe ist abgenommen.

5.6 Schaltzeit von Getrieben mit Sperrsynchronisierung

Um Gleichlauf der beiden zu kuppelnden Glieder zu erreichen, muß die Kupplungsscheibe mit dem polaren Trägheitsmoment J_k, auf das auch die polaren Trägheitsmomente aller Wellen und Räder, die mit ihr drehfest verbunden sind, transformiert werden müssen, durch das Synchroniermoment M_s, das der Fahrer an der Schaltmuffe aufbringt, beschleunigt oder verzögert werden. Beim Verzögern ‚helfen' auch die bremsenden Reibungs- und Planschverluste.

Mit den Bezeichnungen von **Bild 55**, den Ölplanschverlusten nach Gl. (53), der Annahme, daß die Reibungsverluste (als Drehmoment) unabhängig von der Drehzahl sind (M_f = konst.) und $i_s = \omega_e/\omega_s$ als Übersetzung zwischen Kupplungsscheibe und Schaltelement, ergibt sich die Synchroniergleichung bezogen auf die Kupplungsscheibe:

$$J_k \cdot \dot{\omega}_e + \frac{p_{pl}}{i_k^2} \cdot \omega_e + (M_f)_k \pm \frac{M_s}{i_s} = 0 \qquad (55)$$

Die Berücksichtigung der Ölplanschverluste nach Gl. (53) gilt so nur für Getriebe, bei denen alle Zahnräder auf der Vorgelegewelle fest sind, d. h. alle deren Drehzahl haben. Bei Anordnungen mit Loszahnrädern und Schaltele-

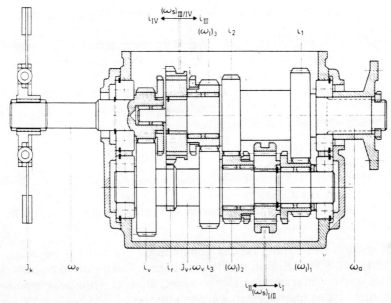

Bild 55: Viergang-Getriebeschema zur Berechnung der Schaltzeit
J Polares Trägheitsmoment, ω Winkelgeschwindigkeit, i Übersetzung;
Indizes: a Ausgang, e Eingang, k Kupplung, l Loszahnrad, s Schaltmuffe, v Vorgelege,
1 Radpaar erster Gang, 2 Radpaar zweiter Gang, 3 Radpaar dritter Gang,
I erster Gang, II zweiter Gang, III dritter Gang, IV vierter Gang

$i_v = (\omega_e)/(\omega_v)$ $i_1 = (\omega_l)_1/(\omega_a)$
$i_2 = (\omega_l)_2/(\omega_a)$ $i_3 = (\omega_v)/(\omega_l)_3$
$i_I = i_v \cdot i_1$ $i_{II} = i_v \cdot i_2$
$i_{III} = i_v \cdot i_3$ $i_{IV} = 1$

menten auf der Vorgelegewelle, wie auf **Bild 55** für die Schaltung I/II dargestellt, ist die Drehzahl der Losräder auf der Vorgelegewelle u. U. deutlich höher. Das muß dann entweder durch eine Aufteilung der Planschverluste auf die einzelnen Räder und Berücksichtigung von deren Drehzahl, oder durch unterschiedliche Faktoren p_{pl} in den einzelnen Gängen berücksichtigt werden.

Die Schaltzeit t_s ergibt sich (durch Trennung der Veränderlichen) mit Index (n − 1) vor der Schaltung und Index n nach der Schaltung

$$t_s = \frac{J_k \cdot i_k^2}{p_{pl}} \ln \frac{(\omega_a)_{(n-1)} \cdot i_{(n-1)} \cdot i_s \cdot p_{pl} + (M_f \cdot i_s \pm M_s) i_k^2}{(\omega_a)_n \cdot i_n \cdot i_s \cdot p_{pl} + (M_f \cdot i_s \pm M_s) i_k^2} \qquad (56)$$

Solange sich die Fahrgeschwindigkeit durch die Zugkraftunterbrechung nicht zu stark ändert, kann zur Vereinfachung $(\omega_a)_{n-1} = (\omega_a)_n$ gesetzt werden. Bei Schaltungen an Steigungen und Gefälle sind aber solche Vereinfachungen nicht mehr zulässig, weil hier bei zu langer Schaltzeit Geschwindigkeitsä-

rungen auftreten können, die eine Beendigung der Schaltung unmöglich machen.
Da bei Hochschaltungen $i_{(n-1)} > i_n$ ist, gibt es auch dann eine positive Schaltzeit t_s, wenn das Schaltmoment M_s (positives Vorzeichen) Null ist, weil Reibungs- und Ölplanschmomente abbremsen.
Bei Rückschaltungen ist $i_{(n-1)} < i_n$, daher sind positive Schaltzeiten nur bei existierendem Schaltmoment M_s (negatives Vorzeichen) möglich.
Kurze Schaltzeiten werden erreicht bei

— großem Schaltmoment M_s,
— kleinem Gangsprung,
— kleinem polarem Trägheitsmoment der Kupplungsscheibe J_k und aller mit ihr drehenden Teile,
— kleiner Reibung und kleinen anderen Verlusten für die Rückschaltung,
— kleiner Übersetzung i_s.

Von besonderer Bedeutung ist das vollständige Freiwerden der Kupplungsscheibe bei geöffneter Kupplung, da die kleinste Restreibung an dem großen Durchmesser zu Widerständen führen kann, die u. U. vom Synchronisiermoment M_s nicht mehr überwunden werden können.
Schaltzeiten von 1—2 s sind die Regel. Experten bewältigen den Gangwechsel in 0,5 s (ohne Rücksicht auf Komfort).
Die Anordnung der Synchronisierkupplungen auf Eingangs-, Vorgelege- oder Ausgangswelle beeinflußt die Schaltzeit über die Übersetzung i_s. Das läßt sich leicht erkennen, wenn in Gl. (55) Ölplansch- und Reibverluste vernachlässigt werden. Dann wird die Schaltzeit

$$t_s \approx \frac{J_k \cdot \omega_a}{\pm M_s} \cdot i_n \cdot i_s \left(\frac{i_{(n-1)}}{i_n} - 1 \right) \tag{57}$$

t_s wird ein Minimum bei Synchronisiereinrichtung auf Eingangswelle, weil $i_s = 1$
t_s wird kleiner bei Synchronisiereinr. auf Vorgelegewelle, $i_s = i_k$, solange $i_k < i_n$
t_s wird am größten bei Synchronisiereinrichtung auf Ausgangswelle $i_s = i_n$

Allerdings ist eine kurze Schaltzeit nicht alleiniges Entscheidungskriterium für die Anordnung der Schaltelemente. Die Höhe der Planschverluste von schneller drehenden Losrädern, die Gleitgeschwindigkeiten an den Schaltgabeln und vor allem auch die Platzverhältnisse müssen berücksichtigt werden. **Bild 55** läßt ahnen, wie schwierig die Anordnung des 1.-Gang-Losrads auf der Vorgelegewelle bei kleinem Achsabstand ist, da sein Teilkreisdurchmesser so klein ist. Daher finden sich bei Koaxial-Vorgelegetrieben die Schaltelemente praktisch immer auf der Getriebeausgangswelle, was für die Schaltung des Direkt-Gangs in jedem Fall nötig ist. Bei Vorgelegegetrieben mit deaxialer Lage von Ein- und Ausgangswelle ist die Anordnung der Schaltelemente sehr verschieden, wie bei den Getriebebeispielen gezeigt wird.

5.7 Der Einfluß der Zugkraftunterbrechung während der Schaltung auf die Fahrzeugbewegung

Um beim Gangwechsel eine Klauenkupplung lösen und eine andere Klauenkupplung in Eingriff bringen zu können, muß der Triebstrang drehmomentfrei gemacht, d. h. der Antrieb des Fahrzeugs für die Dauer der Schaltung unterbrochen werden.

In der Fahrgleichung (5) wird während dieser Zeit

$$M_e = (M_m - J_m \cdot \dot{\omega}_m) = 0$$

und der Bewegungsvorgang ist nur noch von den gespeicherten Energien und den Fahrwiderständen des Fahrzeugs bestimmt.

$$\underbrace{m \cdot g \cdot f_R \cdot \cos\alpha}_{F_R} + \underbrace{m \cdot g \cdot \sin\alpha}_{F_S} + m \cdot \kappa \cdot a + \underbrace{c_w \cdot (\rho/2) \cdot A \cdot v^2}_{F_L} = 0 \quad (58)$$

Wenn Roll- und Luftwiderstand während des Schaltvorgangs als konstant

$$F_{(R+L)} = m \cdot g \cdot f_R \cos\alpha + c_w \cdot (\rho/2) \cdot A \cdot v^2 = \text{konst.}$$

und der Faktor $\kappa = 1$ angenommen werden, ergibt sich die Beschleunigung

$$a = -g \cdot \sin\alpha - \frac{F_{(R+L)}}{m} \quad (59)$$

Der Widerstand $F_{(R+L)}$ muß für den Beginn des Schaltvorgangs errechnet werden, dann ergibt sich die Geschwindigkeitsänderung während der Schaltung.

$$v = \int_{t=0}^{t=t_s} a \, dt = -(g \cdot \sin\alpha) \cdot t - \frac{F_{(R+L)}}{m} t + C$$

Schaltbeginn $t = 0$; $v = v_{(n-1)}$; $C = v_{(n-1)}$
Schaltende $t = t_s$; $v = v_n$ die Schaltzeit wird vor allem vom Fahrer bestimmt.

$$\Delta v = v_n - v_{(n-1)} = -\left(g \cdot \sin\alpha + \frac{F_{(R+L)}}{m}\right) t_s = a \cdot t_s \quad (60)$$

Auf **Bild 56** sind die Winkelgeschwindigkeiten (Drehzahlen) und Beschleunigungen der beteiligten Wellen für die Schaltung vom 1. Gang in den 2. Gang dargestellt. Zur Zeit $t = 0$ wird der Kraftfluß durch Öffnen der Kupplung unterbrochen und die Klauenkupplung des 1. Gangs gelöst. Dann wird die Synchronisation des 2. Gangs eingeleitet. Die Darstellung ist insofern vereinfac

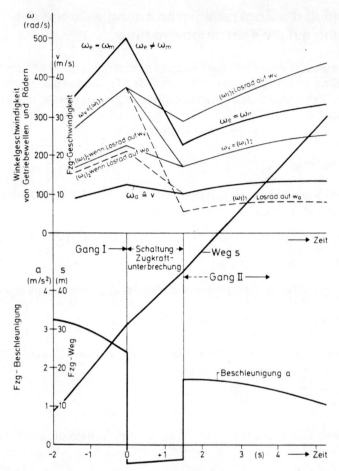

Bild 56: Hochschaltung mit Zugkraftunterbrechung
Bezeichnungen wie Bild 55
W_a Ausgangswelle, W_v Vorgelegewelle, vgl. Bild 38
Index m Motorkurbelwelle

als keine besonderen Zeiten für das Lösen oder Verbinden der Klauenkupplungen ausgewiesen, diese Zeiten aber in der Gesamtschaltzeit $t_s = 1,5$ s enthalten sind, vgl. auch **Bild 46**. Die Drehzahlen sind für die Fälle: Losrad auf Vorgelegewelle und Losrad auf Ausgangswelle angegeben.

Fall 1, Ebene, sin $\alpha = 0$, a negativ, Verzögerung, deren Größe vom Fahrwiderstand und der Masse abhängig ist. v nimmt während der Schaltzeit ab.

$$a = - \frac{F_{(R+L)}}{m}$$

Fall 2, Steigung, sin $\alpha > 0$, starke Verzögerung, starke Abnahme von v

$$a = -(g \cdot \sin\alpha + \frac{F_{(R+L)}}{m})$$

Fall 3, Gefälle, $\sin\alpha$ negativ

3.1 $\quad g \cdot \sin\alpha < \dfrac{F_{(R+L)}}{m}$

$\quad a = g \cdot \sin\alpha - \dfrac{F_{(R+L)}}{m}\quad$ negativ, schwache Verzögerung

3.2 $\quad g \cdot \sin\alpha = \dfrac{F_{(R+L)}}{m}$

$\quad a = 0 \qquad$ Fahrgeschwindigkeit bleibt konstant.

3.3 $\quad g \cdot \sin\alpha < \dfrac{F_{(R+L)}}{m}$

$\quad a = g \cdot \sin\alpha - \dfrac{F_{(R+L)}}{m}\quad$ positiv, Beschleunigung

1)   Pkw $m = 2000$ kg $v = 30$ m/s (108 km/h)
       $F_{(R+L)} = 700$ N $t_s = 1{,}5$ s

Fall 1, Ebene $\alpha = 0$
   $a\;\; = -0{,}350$ m/s²
   $\Delta v = -0{,}525$ m/s $= -1{,}9$ km/h, Verlust an Geschwindigkeit

Fall 2, Steigung
   $\sin\alpha \approx \tan\alpha = 0{,}1,\quad$ sonst gleiche Werte
   $a\;\; = -1{,}33$ m/s²
   $\Delta v = -2{,}00$ m/s $= -7{,}2$ km/h.

Fall 3, Gefälle
3.1 $\sin\alpha \approx \tan\alpha = -0{,}02$
     $a\;\; = -0{,}154$ m/s²
     $\Delta v = -0{,}231$ m/s $= -0{,}83$ km/h

3.3 $\sin\alpha \approx \tan\alpha = -0{,}1$
     $a\;\; = +0{,}63$ m/s²
     $\Delta v = +0{,}95$ m/s $= +3{,}42$ km/h, Fahrzeug beschleunigt.

Eine Geschwindigkeitsänderung von z. B. 1 m/s (3,6 km/h) ist für einen Pkw völlig unkritisch, kann aber bei den niederen Fahrgeschwindigkeiten der Lkw in den unteren Gängen (z. B. bei Schaltung I/II v = 2,5 m/s) die Durchführung der Schaltung verhindern, weil der Motor im neuen Gang zu niedrig oder zu hoch drehen würde.

6 Beispiele von Fahrzeuggetrieben

Aus der fast unübersehbaren Zahl von Konstruktionsvarianten sind in den folgenden Kapiteln einige Beispiele ausgesucht. Die Auswahl betont typische Bauarten und muß exemplarisch ohne Wertung gelten. Der Text ist möglichst kurz gehalten. Gangzahl, Übersetzungen und Besonderheiten sind z. T. den Bildunterschriften zu entnehmen. Die Gliederung ist nach der Bauweise, die Untergliederung nach der Zahl der Gänge vorgenommen.

6.1 Pkw-Getriebe

Die Transportaufgabe der überwiegenden Zahl der Pkw ist vergleichbar: Beförderung von 4 bis 5 Personen, sowohl im Stadt-, Nah- als auch im Überland- und Freizeitverkehr, mit Leistungsreserven für große Zuladung, Anhängerbetrieb und Paßfahrten. Aus diesen Gründen werden die spezifische Leistung relativ hoch gewählt und auch Steigungsreserven berücksichtigt. Schließlich wird auch wegen der Rentabilität großer Stückzahlen die Verwendung gleicher oder verwandter Getriebe für benachbarte Klassen angestrebt und ihr beim Pkw gegenüber „maßgeschneiderten" Lösungen der Vorzug gegeben. Getriebe für Pkw sind daher sehr ähnlich, und ihre Konstruktion wird stärker von der Gesamtkonzeption als von der Funktion bestimmt.

6.1.1 Pkw-Getriebe für Standardantrieb

Beim Standardantrieb — Motor vorn, Antrieb hinten — sind Motor, Kupplung und Getriebe koaxial in Reihe angeordnet, meist direkt zusammengebaut und mit dem Achsgetriebe über eine Gelenkwelle verbunden, **Bild 6a**.

6.1.1.1 Dreigang-Getriebe

Dreigang-Getriebe waren früher sehr verbreitet, weil sie besonders einfach und kompakt gebaut werden können, sind doch für 3 Vorwärtsgänge und 1 Rückwärtsgang nur 2 Schaltmuffen nötig. Drei Gänge waren solange akzeptabel, wie die Forderungen an Steigfähigkeit und Höchstgeschwindigkeit klein waren.

Die gebrachten Beispiele haben nur noch historischen Wert. An ihnen kann die Entwicklung vom Getriebe mit Schiebezahnrädern für alle übersetzten Gänge, **Bild 57 a**, über Getriebe mit Klauenkupplungen für die oberen Gänge, **Bild 57 b**, dann Getriebe mit einfacher Synchronisierung für die oberen 2 Gänge, **Bild 58**, bis zu den Getrieben mit Sperrsynchronisierung bei allen Vorwärtsgängen, **Bild 59**, nachvollzogen werden.

Pkw-Getriebe

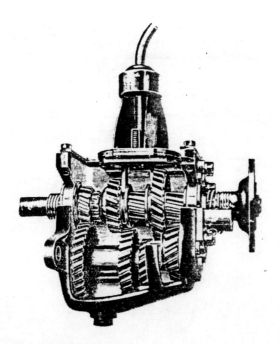

Bild 57: Pkw-Dreigang-Getriebe

Bild 57a: Dreigang-Getriebe mit Schieberädern in allen Gängen
Vorkriegsmodell Opel, nach Bussien, 15. Aufl.

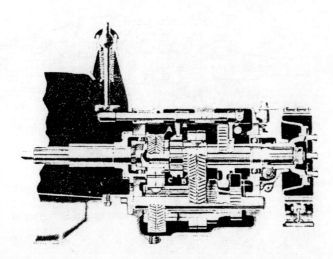

Bild 57b: Dreigang-Getriebe, erster und Rückwärts-Gang Schieberäder, zweiter und dritter Gang Klauenkupplung (Pfeilverzahnung)
Vorkriegsmodell Essex, nach Bussien, 15. Aufl.

Beispiele von Fahrzeuggetrieben

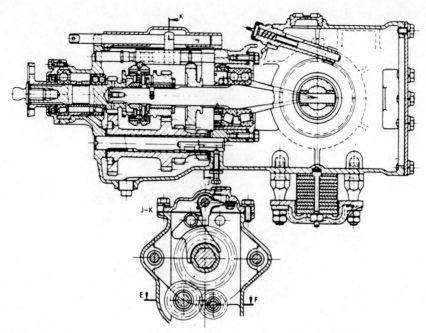

Bild 58: Pkw-Dreigang-Getriebe mit Achsgetriebe kombiniert, Skoda 1936
nach Loomann
1. Gang und Rückwärtsgang Schieberäder, 2. und 3. Gang Synchronschaltung

Gang	I	II	III	R
i_g	3,45	1,75	1,00	−4,10

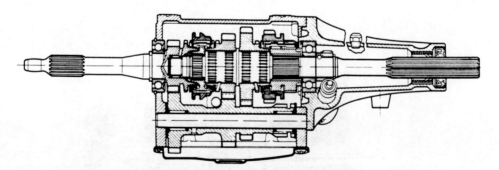

Bild 59: Pkw-Dreigang-Getriebe, Opel Rekord 1966, nicht mehr in Produktion
Adam Opel
Alle Vorwärtsgänge sperrsynchronisiert, Rückwärtsgang Schieberad.

Gang	I	II	III	R
i_g	3,235	1,681	1,000	−3,466

6.1.1.2 Viergang-Getriebe

Mit dem Wachsen der Ansprüche an die Fahrleistungen werden heute in Europa in allen Pkw, unabhängig von Fahrzeuggröße oder Motorleistung, Getriebe mit mindestens 4 Gängen eingebaut. Als Schalterleichterung, die in Form der einfachen Synchronisierung zuerst nur bei wenigen Getrieben in Wagen der Oberklasse und da anfangs auch nur für die oberen Fahrgänge eingeführt wurde, ist heute die Sperrsychronisierung aller Vorwärtsgänge Standard.

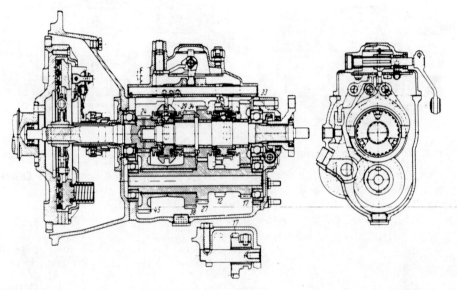

Bild 60: Pkw-Viergang-Getriebe, Mercedes-Benz 1963, nicht mehr in Produktion
Daimler-Benz
1. bis 4. Gang sperrsynchronisiert, Rückwärtsgang-Verzahnung auf Schaltmuffe aufgeschnitten, Schieberad. Die eingetragenen Zahlen sind Zähnezahlen.

Gang	I	II	III	IV	R
i_g	4,09	2,25	1,42	1,00	-3,64

Um die technische Entwicklung der Nachkriegszeit deutlich zu machen, ist in **Bild 60** zunächst ein Viergang-Getriebe, das noch im Jahr 1963 in Produktion war, gezeigt. Alle Vorwärtsgänge sind sperrsynchronisiert (System Borg-Warner), die Rückwärtsgang-Verzahnung ist auf die Schaltmuffe I/II geschnitten. Das erspart zwar Baulänge, aber der Rundlauf und die Laufgüte sind durch die mehrfachen Zwischenlagerungen der Schaltmuffe unbefriedigend. Kupplungsglocke aus Leichtmetall, Getriebegehäuse aus Grauguß mit oberem Deckel verschlossen, der auch die Schaltstangen trägt.
Bild 61 zeigt dann ein Viergang-Getriebe des gleichen Fabrikats aus dem Jahre 1983. Sperrsynchronisierung für alle Vorwärtsgänge, System Mercedes-Benz

Kupplungsglocke und Getriebegehäuse aus einem Stück, in Leichtmetall-Druckguß hergestellt, steif durch glockenartige Formgebung, hintere Wand als Verschlußdeckel, kurzer Lagerabstand. Die Zahnradpaare, an denen die größten Kräfte entstehen, 1. und Rückwärtsgang, sind links und rechts von der hinteren Wand angeordnet.

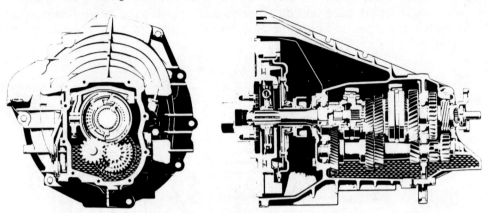

Bild 61: Pkw-Viergang-Getriebe Mercedes-Benz GL 68/20C, 1983. Daimler-Benz

1. bis 4. Gang sperrsynchronisiert (vgl. Bild 51), Rückwärtsgang Schieberad. Druckgußleichtmetallgehäuse für Kupplung und Getriebe.

Gang	I	II	III	IV	R
i_g	3,905	2,318	1,415	1,000	−3,783

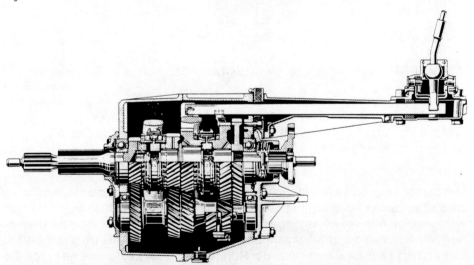

Bild 62: Viergang-Getriebe für Pkw und leichte Nkw ZF S4-18/3
Zahnradfabrik Friedrichshafen

1. bis 4. Gang sperrsynchronisiert (vgl. Bild 49), Rückwärtsgang Schieberad.

	M_e [Nm]	Gang	I	II	III	IV	R
Pkw	250	i_g	3,870	2,080	1,390	1,000	−4,170
Nkw	180	i_g	5,610	2,975	1,680	1,000	−6,000

Pkw-Getriebe

Das Getriebe nach **Bild 62** besitzt ein etwa in der Mitte quer zur Achse geteiltes Gehäuse, das alle Zahnräder einschließlich Rückwärtsgang beherbergt. Schiebezahnrad für den Rückwärtsgang auf der Nebenwelle.

Das Viergang-Getriebe nach **Bild 63** hat das Getriebegehäuse längsgeteilt, was erlaubt, die vormontierten Wellen in die Lagerflächen einzulegen. Die hier benutzte Synchronisierung (System Peugeot) hat einen kleinen Durchmesser für die Klauenkupplung, aber einen großen für die Konuskupplung. Die Sperrwirkung wird über Bolzen mit Eindrehungen bewirkt, die während des Synchronisiervorgangs die Axialverschiebung und damit das Einkuppeln der Schaltmuffe verhindern.

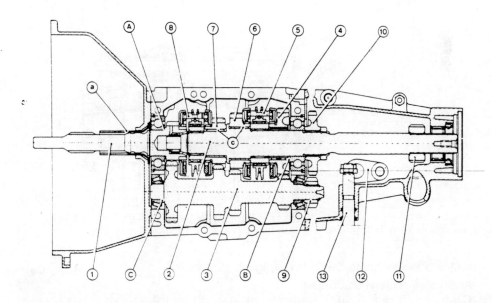

Bild 63: Pkw-Viergang-Getriebe Peugeot Ba 7/4   Automobiles Peugeot
1. bis 4. Gang sperrsynchronisiert, Rückwärtsgang Schieberad

Gang	I	II	III	IV	R
i_g	3,70	2,15	1,41	1,00	−3,75

1 Eingangswelle, 2 Ausgangswelle, 3 Vorgelegewelle, 4 Radpaar 1. Gang, 5 Schaltmuffe I/II, 6 Radpaar 2. Gang, 7 Radpaar 3. Gang, 8 Schaltmuffe III/IV, 9 und 10 Radpaar R-Gang, 11 Tachoantrieb, 12 und 13 Betätigung, A, B, C Wälzlager für Wellen, a Kupplungshülse, c Lagerung der Loszahnräder

6.1.1.3 Fünfgang-Getriebe

Steigende Kraftstoffpreise zwingen zu einer Verschiebung der Motorbetriebs-linie in Gebiete guten Wirkungsgrads, d. h. zur Wahl von Schnellgangfaktoren

$\varphi < 1$ (vgl. Kap. 4.2), und damit zu einer Erweiterung des erforderlichen Getriebewandlungsbereichs, was wieder zu einer Erhöhung der Gangzahl von 4 auf 5 führt. Um nicht neue, sehr direkt übersetzte Achsgetriebe entwickeln zu müssen, manchmal auch, um die maximalen Drehmomente in der Kraftübertragung nicht ansteigen zu lassen, wird die 5. Gangübersetzung bevorzugt als Schnellgang, $i_{min} < 1$, gebildet.

Die axiale Verlängerung des Getriebegehäuses zur Aufnahme des weiteren Ganges führt zu relativ großen Lagerabständen, **Bild 64**. Das Zahnradpaar des 1. Gangs mit den größten Kräften rückt dabei immer mehr zur Getriebemitte hin, was für die Durchbiegung der Wellen ungünstig ist.

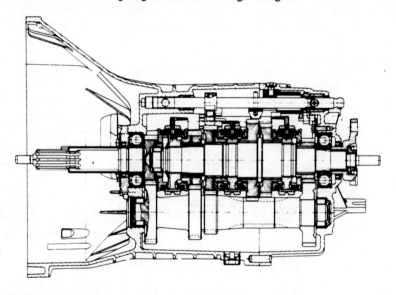

Bild 64: Pkw-Fünfgang-Getriebe Getrag 240 (BMW)   Getrag
Alle Gänge sperrsynchronisiert.

Gang	I	II	III	IV	V	R
i_g	3,51	2,08	1,35	1,00	0,81	−3,71

Sehr häufig wird allerdings das Fünfgang-Getriebe aus dem Viergang-Getriebe durch Anflanschen eines zusätzlichen Gehäuses gebildet, was auch dem wahlweisen Einbau zugute kommt.

Die „klassische" Lösung, die früher auch gerne in Verbindung mit einem Dreigang-Getriebe benutzt wurde, ist der zusätzlich getrennte Overdrive, **Bild 65**.

Er ist hier als Planetensatz ausgebildet, dessen Sonnenrad für die Übersetzung $i_{min} < 1$ durch eine hydraulisch betätigte Konusbremse festgehalten werden kann. Im direkten Gang sind die Konusbremse gelöst und die Konuskupplung geschlossen und/oder der Freilauf im Eingriff. Wegen der kraftschlüssigen Schaltelemente kann das Ein- und Ausschalten des Overdrives ohne Lösen der Hauptkupplung und ohne Betätigung eines Schalthebels erfolgen.

Pkw-Getriebe

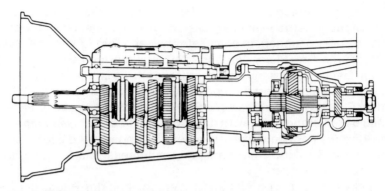

Bild 65: Pkw-Fünfgang-Getriebe   Volvo
Viergang-Vorgelegegetriebe mit Zweigang-Planetengetriebe (Laycock-Overdrive).
Der Overdrive wird nur im 4. Gang kraftschlüssig zugeschaltet.

Gang	I	II	III	IV	V	R
i_g	3,71	2,16	1,37	1,00	0,79	−2,68

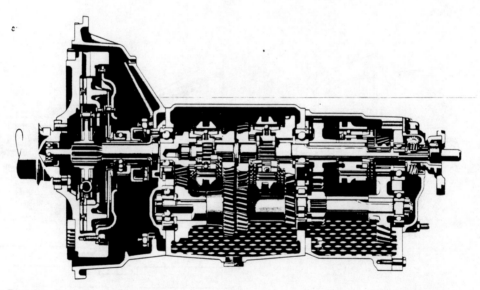

Bild 66: Pkw-Fünfgang-Getriebe Mercedes-Benz G76/27-5, 1970, nicht mehr in Produktion
                                                                  Daimler-Benz
1. bis 5. Gang sperrsynchronisiert, R-Gang Schieberad.

Gang	I	II	III	IV	V	R
i_g	3,96	2,34	1,44	1,00	0,88	−3,72

Wird ein Vorgelege-Schnellgang an ein unverändertes Viergang-Getriebe angebaut, **Bild 66**, so ergibt sich eine erhebliche Getriebeverlängerung. Das Bild läßt vermuten, daß bei solchen Lösungen die Mehrkosten für den 5. Gang überproportional sein werden.

Wenn dagegen schon beim Entwurf des Viergang-Getriebes die Erweiterung zum Fünfgang-Getriebe mit berücksichtigt wird, ergeben sich wesentlich ansprechendere Lösungen. In dem Getriebe nach **Bild 67** wird der Raum für den 5. Gang durch eine kleine Verlängerung des hinteren Getriebegehäuses gewonnen. Der Lagerabstand wird allerdings um die Länge von Zahnradpaar und Schaltelement vergrößert, und das 1.-Gang-Radpaar rückt zur Mitte hin.

Bei dem Fünfgang-Getriebe nach **Bild 68**, welches aus dem Viergang-Getriebe, **Bild 61**, entstanden ist, wird das Radpaar für den 5. Gang hinter die rechte Wand des Getriebegehäuses in einer Verlängerung dieses Teils untergebracht, so daß 1. und Rückwärtsgang einerseits und 5. Gang andererseits neben der Wand liegen.

Der Rückwärtsgang wird hier durch Verschieben des Rades der Nebenwelle geschaltet, wobei die Vorgelegewelle vorher über die Schaltmuffe des 5. Ganges abgebremst wird. Der Vergleich der **Bilder 66** und **68** zeigt den Fortschritt der Konstruktion.

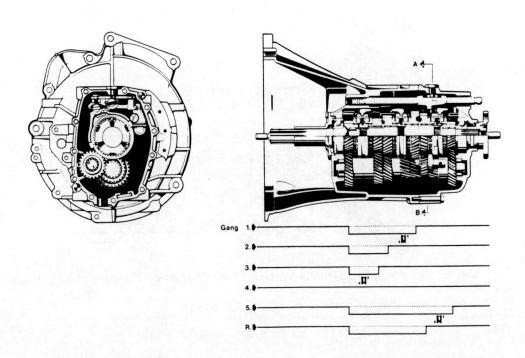

Bild 67: Pkw-Fünfgang-Getriebe ZF S5-16   Zahradfabrik Friedrichshafen

Gang	I	II	III	IV	V	R	
i_g	4,23	2,17	1,39	1,00	0,82	−3,94	wahlweise
	3,72	2,04	1,34	1,00	0,89	−3,54	

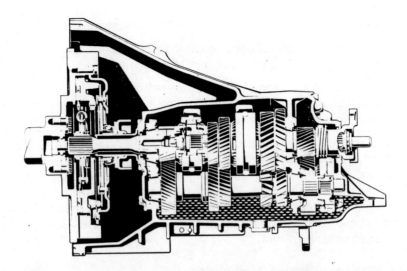

Bild 68: Pkw-Fünfgang-Getriebe Mercedes-Benz GL68/20-5K Daimler-Benz
1. bis 5. Gang sperrsynchronisiert, R-Gang Schieberad, vorgebremst.

Gang	I	II	III	IV	V	R
i_g	3,905	2,174	1,372	1,000	0,778	−4,271

Bild 69 zeigt schließlich eine seltene Version des Standardantriebs, bei der zwar die Reihenfolge: Motor vorne, Antrieb hinten, beibehalten, das Schaltgetriebe aber (ohne Kupplung) mit dem Achsgetriebe kombiniert ist (Transaxle, vgl. auch **Bild 58**).

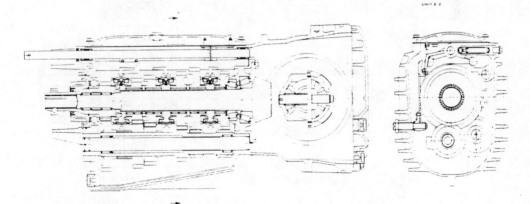

Bild 69: Pkw-Fünfgang-Getriebe mit Achsgetriebe (Porsche 928 S)
Dr. Ing. h.c. Ferdinand Porsche

Alle Gänge sperrsynchronisiert.

Gang	I	II	III	IV	V	R	Achse, i_f
i_g	3,765	2,512	1,790	1,354	1,000	−3,306	2,727

6.1.2 Schalt- und Achsgetriebe kombiniert (Blockbauweise)

In zunehmend mehr Fahrzeugkonzeptionen ist der Motor in der Nähe der angetriebenen Achse untergebracht, vgl. **Bild 6a**.

— Frontantrieb (Motor vorn, Antrieb Vorderachse),
— Mittelantrieb, selten (Motor zwischen den Achsen, Antrieb Hinterachse),
— Heckantrieb, selten (Motor hinter der angetriebenen Hinterachse).

In all diesen Fällen bietet sich ein Zusammenbau der Einzelaggregate der Kraftübertragung: Kupplung, Wechselgetriebe, Achsgetriebe und Differentialgetriebe an. Auch für diese Anordnungen gibt es wieder Getriebe mit 4 und 5 Vorwärtsgängen und einem Rückwärtsgang. Die konstruktive Ausführung wird von der Lage des Motors im Fahrzeug, Ort und Stellung parallel oder quer zur Fahrzeuglängsachse und dem verfügbaren Raum wie auch von der Lage des Achsgetriebes bestimmt.

6.1.2.1 Viergang-Getriebe, Motor längs

Bei Motorlängseinbau und Frontantrieb liegt das Achsgetriebe immer zwischen dem Motor, an den die Kupplung angeflanscht ist, und dem Wechselgetriebe. Liegt der Motor vor der Vorderachse, so liegt das Wechselgetriebe in Fahrtrichtung hinter dieser, und wenn der Motor hinter der Vorderachse angeordnet ist, dann liegt das Wechselgetriebe davor. **Bild 70** zeigt eine Lösung (selten), bei der die Getriebeeingangswelle zentral durch die Ausgangswelle

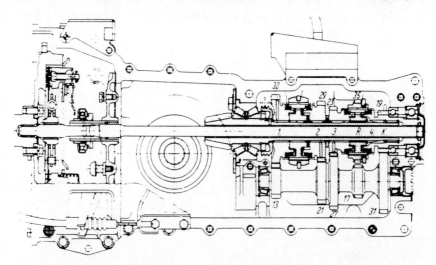

Bild 70: Viergang-Getriebe mit Achsgetriebe für Transporter (Renault)

nach Looman

1. bis 4. Gang sperrsynchronisiert, R-Gang Schieberad. Die Zahlen im Bild sind Zähnezahlen. Das Gehäuse ist längsgeteilt.

Gang	I	II	III	IV	R	Achse, i_f
i_g	4,016	2,253	1,390	1,000	-3,359	5,830

Pkw-Getriebe

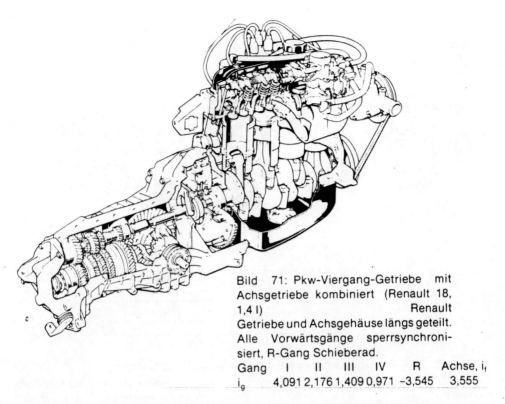

Bild 71: Pkw-Viergang-Getriebe mit Achsgetriebe kombiniert (Renault 18, 1,4 l) Renault
Getriebe und Achsgehäuse längs geteilt. Alle Vorwärtsgänge sperrsynchronisiert, R-Gang Schieberad.

Gang	I	II	III	IV	R	Achse, i_f
i_g	4,091	2,176	1,409	0,971	−3,545	3,555

geführt ist und das Getriebe vom anderen Ende her antreibt. Diese Anordnung macht einen direkten Gang ohne Zahnradübertragung im Getriebe möglich, setzt aber sich kreuzende Achsen von Getriebeausgang und Achsantrieb mit ausreichendem Abstand voraus (Hypoidverzahnung).

Weit häufiger ist die Anordnung nach **Bild 71** zu finden, die die hohle Getriebeausgangswelle erspart, dafür aber auch im „direkten" Gang, dessen Übersetzung nun nicht mehr zwingend gleich „1" ist, ein arbeitendes Zahnradpaar im Eingriff hat. Da die Übersetzung des 1. Gangs in einem Zahnradpaar erzeugt werden muß, ist der Achsabstand meist etwas größer, was aber bei der Blockbauweise ohne Nachteil ist, da bis zum Eingang des Achsgetriebes ohnehin ein großer Abstand zu überbrücken ist.

Bild 71 zeigt das Getriebe am Motor angeflanscht, wodurch der Gesamtaufbau gut zu erkennen ist. Die Schaltelemente, für die Vorwärtsgänge alle sperrsynchronisiert, liegen auf der Getriebeausgangswelle. Der Rückwärtsgang wird durch ein Schieberad geschaltet. Das Getriebegehäuse ist längsgeteilt.

In dem Getriebe nach **Bild 72** mit prinzipiell gleicher Achsanordnung sind die Schaltelemente vom 1. und 2. Gang auf der Getriebeausgangs-, die vom 3. und 4. Gang auf der Getriebeeingangswelle angeordnet. Das Zahnradpaar des 1. Gangs liegt vor der hinteren Getriebewand. Das Gehäuse für Wechsel- und Achsgetriebe ist ein Gußstück, welches in der Höhe des 2.-Gang-Radpaars quergeteilt ist.

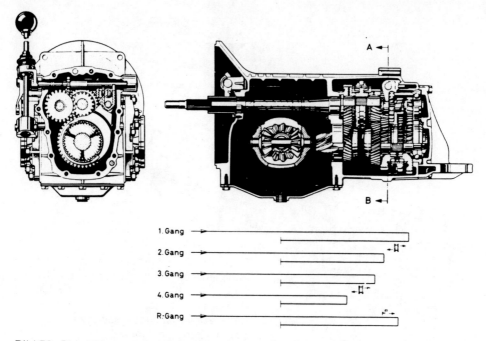

Bild 72: Pkw-Viergang-Getriebe mit Achsgetriebe, ZF 4DS-10/2

Zahnradfabrik Friedrichshafen

Gang	I	II	III	IV	R	Achse, i_f
i_g	4,07	2,27	1,37	0,87	−3,90	6,5; 5,85; 5,29

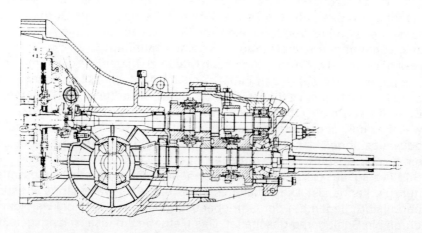

Bild 73: Pkw-Viergang-Getriebe mit Achsgetriebe (Audi 80)   Audi NSU Auto Union
1. bis 4. Gang sperrsynchronisiert, R-Gang Schieberad, auch als Fünfgang-Getriebe ähnlich **Bild 80**.

Gang	I	II	III	IV	R	Achse, i_f
i_g	3,455	1,944	1,286	0,909	−3,167	4,111

Bei dem Getriebe nach **Bild 73** mit ähnlichem Aufbau ist auch noch das Kupplungsgehäuse Teil des großen Getriebegehäuses.

Bild 74 zeigt ein sogenanntes Dreiwellen-Getriebe, das besonders kurz baut, weil die Schaltelemente 1./2. Gang und 3./4. Gang in einer Ebene auf verschiedenen Achsen untergebracht sind. Die Losräder des 3. und 4. Gangs sind im 1. und 2. Gang Zwischenräder, im 1. Gang mit Erhöhung der Übersetzung.

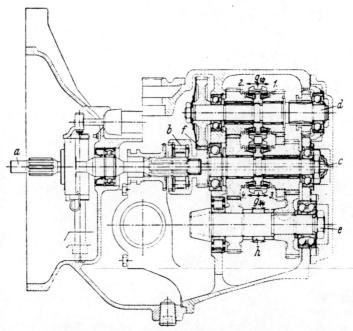

Bild 74: Pkw-Viergang-Getriebe mit Achsgetriebe, Saab 96, nicht mehr in Produktion
nach Loomann

1. bis 4. Gang sperrsynchronisiert, R-Gang Schieberad;
a Kupplungswelle, b Freilauf, c Eingangswelle, d Nebenwelle, e Ausgangswelle, f Antriebskonstante für 1. und 2. Gang, h Tachoantrieb, $g_{1/2}$ Schaltmuffe 1./2. Gang, $g_{3/4}$ Schaltmuffe 3./4. Gang.

Dreiwellen-Getriebe, extrem kurze Bauweise. Im 1. und 2. Gang sind die Losräder des 3. und 4. Gangs Zwischenräder, im 1. Gang wegen der Doppelverzahnung mit Zusatzübersetzung.

Gang	I	II	III	IV	R	Achse, i_f
i_g	3,882	2,194	1,473	1,000	−4,271	3,584

6.1.2.2 Viergang-Getriebe, Motor quer

Der erste Pkw, der in großer Stückzahl so gebaut wurde, der Austin Mini, hatte das Getriebe, kombiniert mit dem Motor, im Ölsumpf angeordnet; dargestellt Austin 1800 (**Bild 75a**). Die Hauptkupplung ist wie gewöhnlich mit dem Motorschwungrad vereinigt. Die Leistung wird dann aber über 3 Zahnräder auf die Getriebeeingangswelle geführt, die so weit achsversetzt ist, daß sie neben

Beispiele von Fahrzeuggetrieben

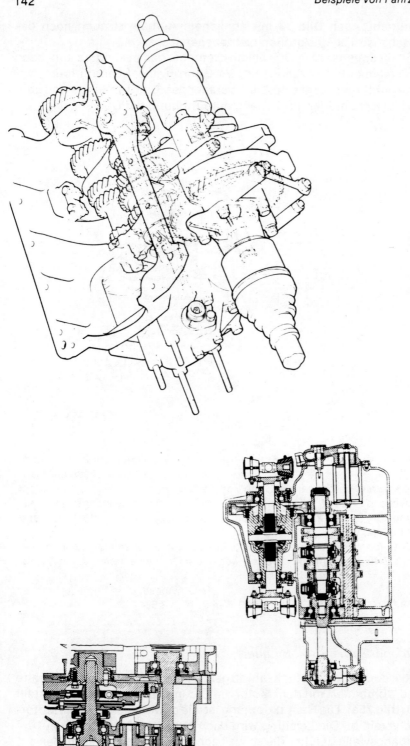

Bild 75: Pkw-Viergang-Getriebe mit Achsgetriebe im Motorölsumpf unter der Kurbelwelle angeordnet.

Bild 75a: Austin 1800 (BMC) 1970   nach Loomann

Gang	I	II	III	IV	R	Achse, i_t
i_g	3,627	2,172	1,412	1,000	−3,627	3,440

Bild 75b: Austin Metro 1985   Austin Rover Group

Gang	I	II	III	IV	R	Achse, i_t
i_g	3,647	2,185	1,425	1,000	−3,666	3,440

Kurbelwelle angeordnet werden kann. Das Getriebe ist dann quasi koaxial ausgeführt, d. h. Antriebskonstante und alle Schaltelemente auf der Getriebeausgangswelle, von wo die Leistung über die Stirnradachsübersetzung zum Differential geführt wird. Das Getriebe hat also in sich einen direkten Gang, was aber bei so viel im Eingriff befindlichen Zahnrädern kaum eine Rolle spielt. Die Zahnräder von Wechsel- und Achsgetriebe werden mit Motoröl geschmiert. Ein Vorteil dieser Anordnung, die ähnlich auch von anderen Herstellern gewählt wurde, liegt darin, daß das Differentialgetriebe in der Mitte zwischen den beiden angetriebenen Rädern angeordnet werden kann, was gleichlange Seitenwellen ergibt. Die Kompliziertheit der Bauweise nach den **Bildern 75** und **76** ist nicht zu übersehen.

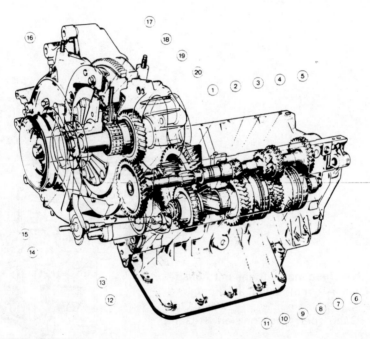

Bild 76: Pkw-Viergang-Getriebe mit Achsgetriebe (Peugeot 305 GL)

Automobiles Peugeot

1. bis 4. Gang sperrsynchronisiert, R-Gang Klauenkupplung.
Das Getriebe liegt unterhalb der Kurbelwelle, das Zahnradpaar 19/1, das die Verbindung zwischen Kupplung und Getriebeeingang herstellt, ist räumlich zwischen Kurbelwelle und Kupplung angeordnet.

Gang	I	II	III	IV	R	Achse, i_f
i_g	3,650	2,217	1,451	0,986	−3,953	4,067

1 Antriebszahnrad der Eingangswelle, 2/3 Radpaar des Achsgetriebes, 4 Eingangswelle, 5 Ausgangswelle, 6 Radpaar 4. Gang, 7 Schaltmuffe III/IV, 8 Radpaar 3. Gang, 9 Radpaar 2. Gang, 10 Schaltmuffe I/II, 11 Radpaar 1. Gang, 12 Radpaar R-Gang, 13 Tachoantrieb, 14 Seilzug zur Kupplungsbetätigung, 15 Gabelhebel zur Kupplungsbetätigung, 16 Kupplungsdrucklager, 17 Kupplungsdruckplatte, 18 Kupplungssche- 19/1 Antriebszahnräder, 20 Kurbelwelle

Kürzere Motorlängen und breitere Spur wie auch die Erkenntnis, daß ungleich lange Antriebswellen den Frontantrieb nicht unbedingt negativ beeinflussen (bei entsprechenden Gelenken), haben heute zu einer Bevorzugung der Motor-Getriebe-Anordnung nach **Bild 77** geführt.

Motor, Kupplung und Wechselgetriebe sind weiterhin in Reihe zusammengebaut. Natürlich müssen diese Aggregate so kurz wie nur möglich gestaltet werden, um die Motorgröße bei gegebener Spurweite nicht zu sehr zu begrenzen. Bei der Konstruktion nach **Bild 77** sind Kupplung, Wechselgetriebe und Achsgetriebe in einem Gehäuse untergebracht, alle Schaltelemente liegen auf der Getriebeausgangswelle, die auch außerhalb der Gehäusewand das Antriebsritzel des Achsgetriebe-Zahnradpaars trägt. Motoröl und Getriebeöl können verschieden sein.

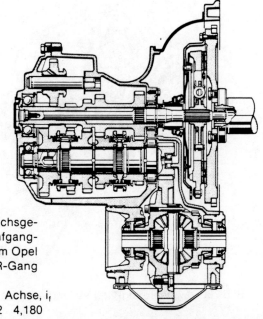

Bild 77: Pkw-Viergang-Getriebe mit Achsgetriebe (Opel Ascona), auch als Fünfgang-Getriebe   Adam Opel
1. bis 4. Gang sperrsynchronisiert, R-Gang Schieberad

Gang	I	II	III	IV	R	Achse, i_f
i_g	3,636	2,211	1,429	0,969	−3,182	4,180

Eine ganz ähnliche Konzeption zeigt **Bild 78**. Da es aber keinen „direkten" Gang gibt, läßt sich die Lage der Zahnradpaare der Gänge frei wählen, das Zahnradpaar des 1. Gangs liegt hier an der Wand des Getriebeausgangs. Die Betätigung der Kupplung erfolgt zentral durch eine Bohrung der Getriebeeingangswelle.

Bei dem Getriebe nach **Bild 79** sind die Schaltelemente des 3. und 4. Gangs auf der Getriebeeingangsseite angeordnet. Der Achsantrieb ist bei dieser Getriebeausführung in das Getriebegehäuse verlegt.

Pkw-Getriebe

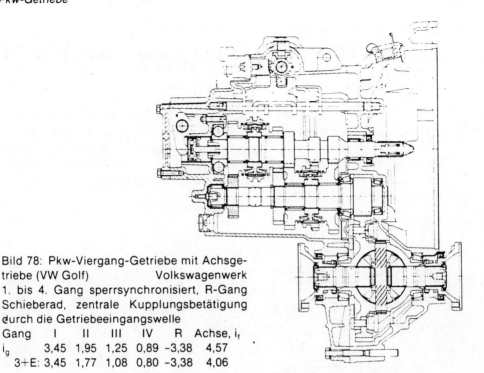

Bild 78: Pkw-Viergang-Getriebe mit Achsgetriebe (VW Golf)   Volkswagenwerk
1. bis 4. Gang sperrsynchronisiert, R-Gang Schieberad, zentrale Kupplungsbetätigung durch die Getriebeeingangswelle

Gang   I   II   III   IV   R   Achse, i_f
i_g 3,45 1,95 1,25 0,89 -3,38 4,57
3+E: 3,45 1,77 1,08 0,80 -3,38 4,06

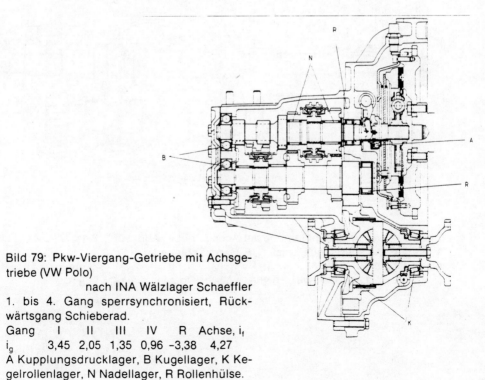

Bild 79: Pkw-Viergang-Getriebe mit Achsgetriebe (VW Polo)
           nach INA Wälzlager Schaeffler
1. bis 4. Gang sperrsynchronisiert, Rückwärtsgang Schieberad.

Gang   I   II   III   IV   R   Achse, i_f
i_g 3,45 2,05 1,35 0,96 -3,38 4,27

A Kupplungsdrucklager, B Kugellager, K Kegelrollenlager, N Nadellager, R Rollenhülse.

6.1.2.3 Fünfgang-Getriebe, Motor längs

Die Getriebeverlängerung, die zur Unterbringung eines 5. Gangs nötig ist, läßt sich bei der Längsanordnung leichter unterbringen als bei der Queranordnung. Die einzelnen Bauweisen unterscheiden sich nur in der konstruktiven Durchführung der Verlängerung, durch ein zusätzliches Gehäuse, **Bild 80**, oder durch eine Verlängerung des hinteren Getriebegehäuseteils, **Bild 81**.

Das Getriebe nach **Bild 82** ist insofern eine Besonderheit, als es bei Motor vorn und Antrieb der Hinterachse zur besseren Gewichtsverteilung hinter der Hinterachse angeordnet ist und daher einen mit einem Frontantrieb-Getriebe vergleichbaren Aufbau hat. Ein Schubrohr verbindet Motor und Kupplung vorn starr mit Schalt- und Achsgetriebe hinten.

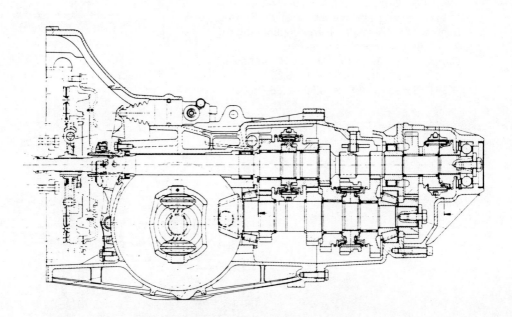

Bild 80: Pkw-Fünfgang-Getriebe mit Achsgetriebe (Audi 100)   Audi NSU Auto Union
1. bis 5. Gang sperrsynchronisiert, R-Gang Schieberad.

Gang	I	II	III	IV	V	R	Achse, i_f
i_g	2,846	1,524	0,909	0,641	0,488	–3,167	5,222

Pkw-Getriebe

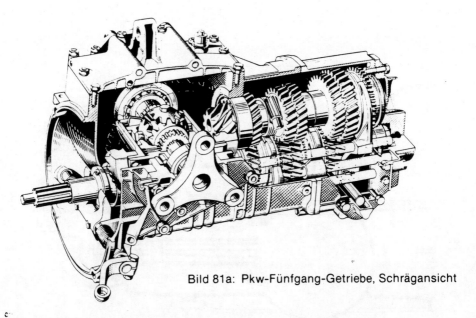

Bild 81a: Pkw-Fünfgang-Getriebe, Schrägansicht

Bild 81: Pkw-Fünfgang-Getriebe mit Achsgetriebe ZF 5DS-25/1
Zahnradfabrik Friedrichshafen
1. bis 5. Gang sperrsynchronisiert, R-Gang Schieberad.

Gang	I	II	III	IV	V	R	Achse, i_f
i_g	2,58	1,53	1,04	0,85	0,74	-2,86	5,25
	2,42	1,61	1,14	0,85	0,70	-2,86	4,65
	2,23	1,47	1,04	0,85	0,70	-2,86	4,22

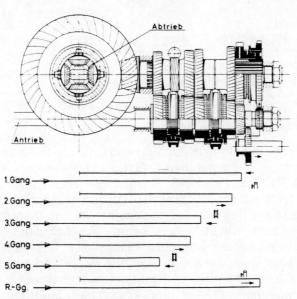

Bild 81b: Pkw-Fünfgang-Getriebe, Seitenansicht und Kraftfluß in den Gängen

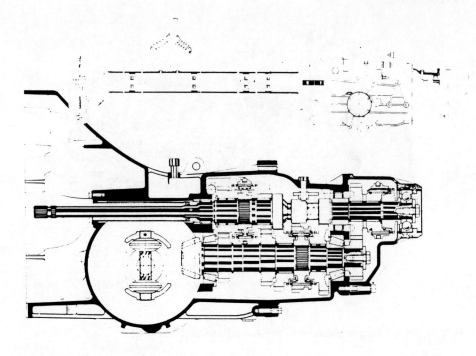

Bild 82: Pkw-Fünfgang-Getriebe mit Achsgetriebe (Porsche 924)
Dr. Ing. h.c. Ferdinand Porsche
1. bis 5. Gang sperrsynchronisiert, R-Gang Schieberad. Getriebe ist bei Standard-Antrieb (Motor vorn, Antrieb Hinterachse) aus Platz- und Gewichtsgründen hinter der Hinterachse angeordnet. Kupplung ist am Motor, Schubrohr zwischen Kupplung und Getriebe.

Gang	I	II	III	IV	V	R	Achse, i_f
i_g	3,600	2,125	1,458	1,071	0,829	−3,500	3,889

6.1.2.4 Fünfgang-Getriebe, Motor quer

Bei Quereinbau mit Motor, Kupplung und Getriebe in Reihe kommt es darauf an, die Verlängerung durch den 5. Gang so kurz wie nur irgend möglich zu halten. Das Radpaar für den 5. Gang ist bei allen Konstruktionen fliegend außerhalb der Wand des Viergang-Grundgetriebes dicht neben dem Gehäuse untergebracht, die Lage der Schaltelemente variiert, **Bilder 83, 84** und **85**.
Das Getriebe nach **Bild 86** ist ein Zweigruppen-Achtgang-Getriebe mit 2 Antriebskonstanten auf der Getriebeeingangswelle. Die Wahl der Übersetzung der Vorschaltgruppe, die alle Gänge des Hauptgetriebes um den gleichen Sprung direkter oder indirekter macht, ist einem besonderen Schalthebel mit den Bezeichnungen „POWER" und „ECONOMY" übertragen.

Pkw-Getriebe

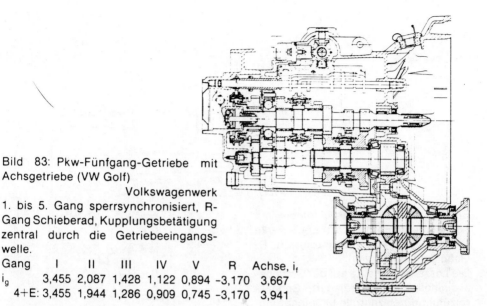

Bild 83: Pkw-Fünfgang-Getriebe mit Achsgetriebe (VW Golf)
Volkswagenwerk
1. bis 5. Gang sperrsynchronisiert, R-Gang Schieberad, Kupplungsbetätigung zentral durch die Getriebeeingangswelle.

Gang	I	II	III	IV	V	R	Achse, i_f
i_g	3,455	2,087	1,428	1,122	0,894	−3,170	3,667
4+E:	3,455	1,944	1,286	0,909	0,745	−3,170	3,941

Bild 84: Pkw-Fünfgang-Getriebe mit Achsgetriebe
Peugeot BE 1/5   Automobiles Peugeot
1. bis 5. Gang sperrsynchronisiert, R-Gang Schieberad.

Gang	I	II	III	IV	V	R	Achse, i_f
i_g	3,882	2,296	1,515	1,124	0,904	−3,568	3,568; 3,867

1 Eingangswelle, 2 Kupplungshülse, 3 Gehäuse, 4 R-Rad auf Nebenwelle, 5 Losrad 3. Gang, 6 Schaltmuffe III/IV, 7 Losrad 4. Gang, 8 Losrad 5. Gang, 9 Schaltmuffe V, 10 5.-Gangrad auf Ausgangswelle, 11 3.- und 4.-Gangrad auf Ausgangswelle, 12 Losrad 2. Gang, 13 Schaltmuffe I/II und R-Gangrad, 14 Losrad 1. Gang, 15 Ausgangswelle mit Ritzel des Achsgetriebes, 16 Stirnrad Achsgetriebe, 17 Ausgleichgetriebe-Planetenrad, 18 Ausgleichgetriebe-Zentralrad, 19 Steg d Ausgleichgetriebes, 20 Tachoantrieb, 21 Gehäuse, a, b Axialausgleich

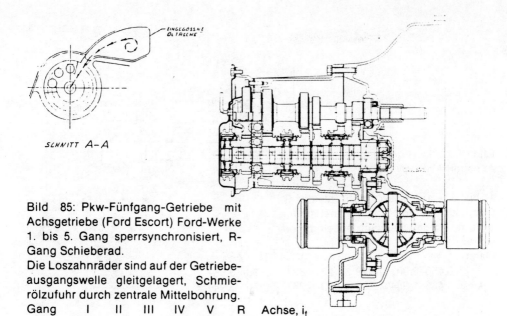

SCHNITT A-A

Bild 85: Pkw-Fünfgang-Getriebe mit Achsgetriebe (Ford Escort) Ford-Werke 1. bis 5. Gang sperrsynchronisiert, R-Gang Schieberad.
Die Loszahnräder sind auf der Getriebeausgangswelle gleitgelagert, Schmierölzufuhr durch zentrale Mittelbohrung.

Gang	I	II	III	IV	V	R	Achse, i_f
i_g	3,15	1,91	1,28	0,95	0,76	−3,62	3,58

Bild 86: Pkw-Zweibereich-Viergang-Getriebe mit Achsgetriebe Mitsubishi Supershift
Mitsubishi Zweigruppen-Dreiwellen-Getriebe, Zweigang-Vorschaltgruppe, Viergang-Hauptgetriebe, zwei Fahrbereiche: „POWER", „ECONOMY". Vorwärtsgänge und Vorschaltgruppe sperrsynchronisiert, R-Gang Schieberad.

	1. Gruppe	1. Gruppe x Hauptgetriebe					
Gang		I	II	III	IV	R	Achse, i_f
i_g POWER	1,526	4,226	2,365	1,467	1,105	−4,108	3,470
ECONOMY	1,181	3,270	1,831	1,135	0,855	−3,179	

6.1.3 Pkw-Getriebe für Allradantrieb

Beim Allradantrieb muß die Getriebeausgangsleistung über ein Verteilergetriebe (vgl. Kap. 8) auf die verschiedenen angetriebenen Achsen verteilt werden. Die Wechselgetriebe sind von dieser zusätzlichen Funktion nur dann betroffen, wenn diese Verteilung der Ausgangsleistung in ihnen oder an ihnen vorgenommen wird, was vor allem für die Blockbauweisen zutrifft. Sonst wird auf Kapitel 8 verwiesen.

Besonders einfach läßt sich der Allradantrieb bei der Konzeption Frontantrieb mit Motorlängseinbau realisieren, **Bild 87**. Hier nämlich muß nur die Ausgangsleistung zunächst nach hinten zum Verteilergetriebe geführt werden und dann erst der Anteil der Vorderachse zum Antriebsritzel des Achsgetriebes zurück-, der Anteil der Hinterachse nach hinten weitergeführt werden.

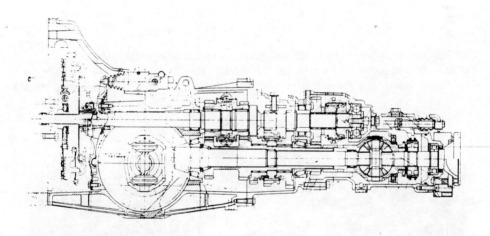

Bild 87: Pkw-Fünfgang-Getriebe mit Achs- und Verteilergetriebe (Audi quattro)
Audi NSU Auto Union
1. bis 5. Gang sperrsynchronisiert, R-Gang Schieberad.
Permanenter Allradantrieb, Verteilung des Drehmoments hälftig auf Vorder- und Hinterachse, Verteilerdifferential sperrbar.

Gang	I	II	III	IV	V	R	Achse, i_f
i_g	3,600	2,125	1,360	0,967	0,778	-3,500	3,889

Die entsprechende Lösung für den quergestellten Motor-Getriebe-Block zeigt **Bild 88 a/b**. Wegen der sich schneidenden Achsen wird ein zusätzlicher Kegelradantrieb benötigt, der die längsliegende Gelenkwelle antreibt. Über die in den Antriebsstrang integrierte Viskose-Kupplung wird in Abhängigkeit von der Differenzdrehzahl der beiden Achsen ein Drehmoment auf die Hinterachse übertragen. In **Bild 88 c** ist der Triebstrang für ein Fahrzeug mit Mittelmotor und Allradantrieb wiedergegeben.

Beispiele von Fahrzeuggetrieben

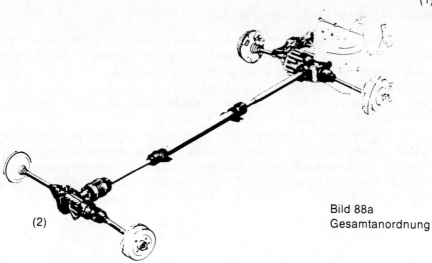

Bild 88a
Gesamtanordnung

Bild 88: Getriebeanordnungen für Allradantrieb bei querliegendem Motor
Bei quer eingebautem Motor erfordert der Allradantrieb zusätzlichen Aufwand für den
Antrieb der Gelenkwelle zur anderen Achse. (VW Golf syncro)　　　　Volkswagenwerk

Bild 88b: Pkw-Fünfgang-Getriebe mit Achs- und Verteilergetriebe (vorn) (1) sowie Achs-
und Verteilergetriebe mit Freilauf und vorgeschalteter Viskose-Kupplung (hinten) (2)
1. bis 5. Gang sperrsynchronisiert, R-Gang Schieberad.
Drehmomentaufteilung auf die Achsen erfolgt durch die Viskose-Kupplung.

Gang	I	II	III	IV	V	R	Achse, i_f
i_g	3,45	1,94	1,29	0,91	0,75	−3,17	4,47 (vorn) 1,00 (hinten)

Pkw-Getriebe

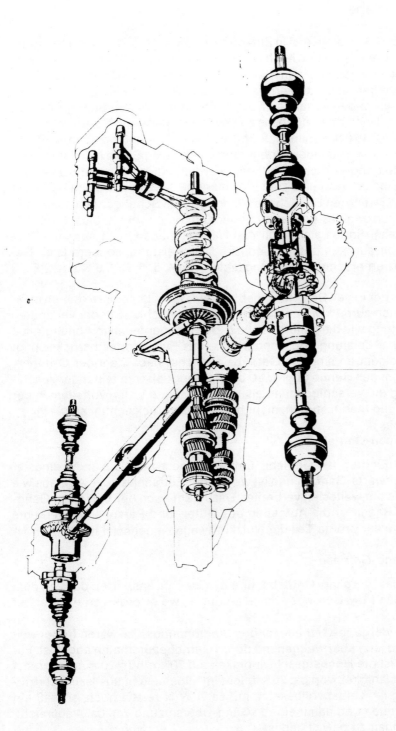

Bild 88c: Pkw-Fünfgang-Getriebe mit Verteilergetriebe (Peugeot 205 Turbo 16)
Automobiles Peugeot
Mittelmotor und Getriebe sind zu beiden Seiten der mittleren Gelenkwelle angeordnet.

Gang	I	II	III	IV	V	R
i_g	2,92	1,94	1,32	0,97	0,76	−3,15

6.2 Nkw-Getriebe

Die Vielfalt der Nutzkraftwagen in Zuladung, Größe, Motorleistung und Transportaufgabe ist sehr groß und reicht vom Kleintransporter (Pick-up), der meist vom Pkw abgeleitet ist, und vom Kleinbus über Fahrzeuge für den Güter- und Personennahverkehr bis zum Ferntransport und Reiseomnibus.
Die Transportaufgaben verlangen Fahrzeuge für den reinen Straßenverkehr, für Straßen- und Geländebetrieb bis zu den Baustellen- und Geländefahrzeugen, siehe auch **Bild 6 b**. Schließlich sind auch alle Arbeitsfahrzeuge wie Traktoren, Mähdrescher, Radlader, Mobilkräne im weiteren Sinne Nutzfahrzeuge, die aber im folgenden nicht behandelt werden. Allen Nutzkraftwagen gemeinsam ist eine im Vergleich zum Pkw niedrige spezifische Leistung, die in der Regel einen weiteren Bereich der Wandlung des Schaltgetriebes und eine größere Übersetzung des Achsantriebs verlangt (auch vom Radius der Reifen abhängig). Daher finden sich unter den Nkw-Getrieben nicht nur viele Baugrößen in Anpassung an unterschiedliche Motorleistung, sondern auch Getriebe für ganz unterschiedliche Gangzahlen von 4, 5, 6, 7, 8, 9, 10, 12, 16, 18 Gängen.
Beim Studium der in den Beispielen gebrachten Getriebekonstruktionen müssen im Vergleich zum Pkw immer die großen Unterschiede in der verlangten Kilometerleistung wie die Unterschiede in den Ganganteilen in Abhängigkeit von spezifischer Leistung und Topographie des Einsatzortes berücksichtigt werden. Im folgenden sind die Getriebe zunächst nach Zahl der Gruppen, dann nach Zahl der Gänge geordnet, beides hängt aber miteinander zusammen, während die verschiedenen Leistungsklassen, die sich vor allem in der Dimensionierung manifestieren, nicht besonders berücksichtigt sind.

6.2.1 Eingruppen-Getriebe

Die Kategorie „Eingruppen-Getriebe" umfaßt Getriebe mit 4, 5, 6 und in jüngster Zeit auch 7 Vorwärts-Gängen und ist wegen der Einfachheit des Aufbaus wie der Betätigung am weitesten verbreitet. Dazu trägt auch bei, daß diese Gangzahlen in der Regel für die Aufgaben des Güter- und Personennahverkehrs ausreichen, wo der größte Teil der Nutzkraftwagen eingesetzt ist.

6.2.1.1 Viergang-Getriebe

Bild 89 zeigt das Viergang-Getriebe für einen Leichttransporter, das von dem entsprechenden Pkw-Getriebe abgeleitet und — wo erforderlich — verstärkt ist.
Bild 90 ist ein Viergang-Getriebe für den Stadtomnibus. Sie waren früher weit verbreitet, sind jetzt aber weitgehend durch Getriebeautomaten abgelöst. Für den Stadtbus ist die Höchstgeschwindigkeit auf 70 km/h ($\approx$ 20 m/s) begrenzt und eine Steigfähigkeit von ca. 20 % reicht im allgemeinen aus, seine spezifische Leistung ist, selbst vollbesetzt, mit ca. 1 W/N relativ hoch, so daß ein Wandlungsbereich und damit eine 1.-Gang-Übersetzung von ca. 4 ausreicht, was mit 4 Gängen zu bewältigen ist.

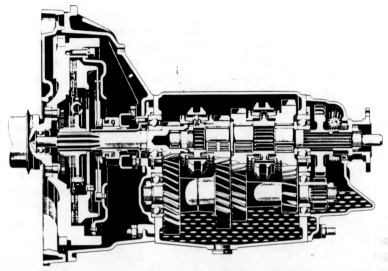

Bild 89: Transporter-Viergang-Getriebe Mercedes-Benz G1/18   Daimler-Benz
1. bis 4. Gang sperrsynchronisiert, R-Gang Schieberad.

Gang	I	II	III	IV	R
i_g	5,45	2,70	1,54	1,00	−5,11
	4,04	2,20	1,39	1,00	−3,78

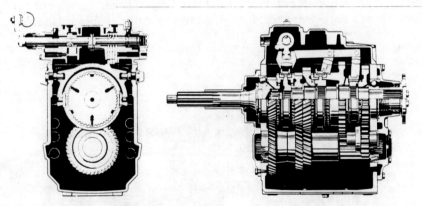

Bild 90: Stadtomnibus-Viergang-Getriebe ZF S4-90   Zahnradfabrik Friedrichshafen
1. bis 4. Gang sperrsynchronisiert, R-Gang Klauenkupplung

Gang	I	II	III	IV	R
i_g	4,17	2,41	1,47	1,00	−3,60
	3,79	2,19	1,34	1,00	−3,28

Obwohl beim Omnibus Heckmotor und Heckantrieb die Regel sind, kann doch von einem „Standardantrieb" gesprochen werden, weil Motor plus Getriebe über eine kurze Gelenkwelle mit dem Achsgetriebe verbunden sind, vgl. **Bild 6b**. Das Getriebe nach **Bild 90** hat daher koaxialen Ein- und Ausgang. Die Schaltung der 4 Vorwärtsgänge ist sperrsynchronisiert. Der Rückwärtsgang wird mit einer Klauenkupplung geschaltet. Das Ritzel des Zahnradpaares für den 1. Gang ist auf die Vorgelegewelle geschnitten, um den Achsabstand möglichst klein zu halten. Das Viergang-Getriebe nach **Bild 90** ist offenbar aus einem Fünfgang-Getriebe durch Weglassen eines Zahnradpaars entstanden. Die allgemeinen Regeln zum Bau von Nkw-Getrieben sind trotzdem schon beim Viergang-Getriebe abzulesen: Antriebskonstante an der Wand der Eingangsseite des Getriebegehäuses, fliegend gelagertes Ritzel der Konstante in dem die Ausgangswelle gelagert ist. Die Zahnradpaare mit großen Kräften (1. und Rückwärtsgang) sind in der Nähe der anderen Getriebewand angeordnet, möglichst kurzer Lagerabstand und biegesteife Wellen.

6.2.1.2 Fünfgang-Getriebe

Bild 91 zeigt ein Transporter-Getriebe, **Bild 92** ein Leicht-Nkw-Getriebe, die durch Anflanschen einer hinteren Getriebegruppe entstanden sind. Daher kleiner Achsabstand, große Zahnbreite, relativ große Baulänge. Die Vorwärts-Schaltungen sind sperrsynchronisiert. Der Rückwärtsgang hat eine Klauenschaltung oder ist auch synchronisiert.
Bild 93 stellt dagegen ein nach Lkw-Maßstäben konstruiertes Fünfgang-Getriebe für schwere Transporter und leichte Lkw dar. Größere Übersetzung im

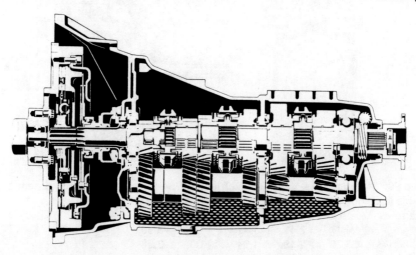

Bild 91: Transporter-Fünfgang-Getriebe Mercedes-Benz G 1/18-5   Daimler-Benz
1. bis 5. Gang sperrsynchronisiert, R-Gang Klauenkupplung
Erweiterung des Getriebes nach **Bild 89**.

Gang	I	II	III	IV	V	R
i_g	6,157	3,148	1,743	1,278	1,000	−5,347
	7,123	3,528	1,896	1,330	1,000	−5,985

1. und Rückwärtsgang, relativ großer Achsabstand, im Durchmesser große, axial aber kurze Schaltelemente, gedrängte axiale Baulänge. **Bild 94** ein vergleichbares Getriebe eines anderen Fabrikats.

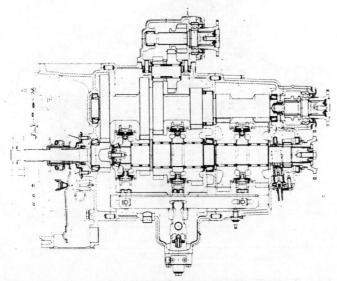

Bild 92: Fünfgang-Getriebe für leichte Nkw (MAN, VW)   Volkswagenwerk
Schaltbare Nebenantriebe an Vorgelegewelle oder seitlich angeflanscht.

Gang	I	II	III	IV	V	R
i_g	6,667	3,535	2,074	1,358	1,000	−5,982

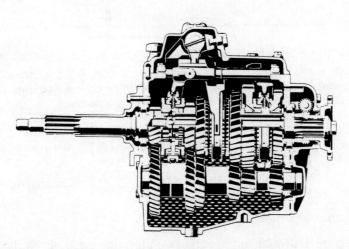

Bild 93: Fünfgang-Getriebe für leichte Nkw Mercedes-Benz G2/27-5/7,36
                                                            Daimler-Benz
1. bis 5. Gang sperrsynchronisiert, R-Gang Klauenkupplung.

Gang	I	II	III	IV	V	R
i_g	7,355	3,976	2,257	1,392	1,000	−6,671

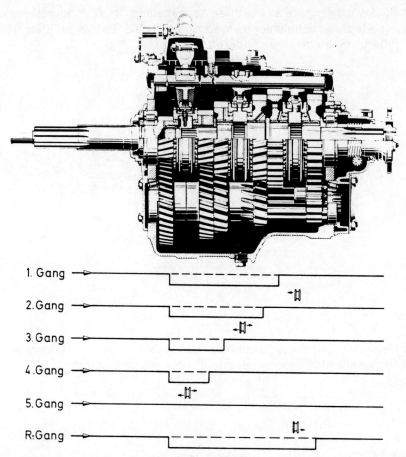

Bild 94: Nkw-Fünfgang-Getriebe ZF S5-35/2   Zahnradfabrik Friedrichshafen
Allsynchron-Ausführung: 1. bis 5. Gang sperrsynchronisiert, R-Gang Klauenkupplung, Berggang-Variante. Das Getriebe gibt es auch in Allklauen-Ausführung, d. h. Klauenkupplung für alle Gänge, und in einer Schnellgang-Variante.

Gang	I	II	III	IV	V	R	
i_g	8,02	4,68	2,74	1,61	1,00	−7,20	
	7,65	4,03	2,26	1,42	1,00	−6,86	Berggang
	6,75	3,95	2,41	1,51	1,00	−6,06	
	6,45	3,39	1,82	1,00	0,80	−5,78	Schnellgang
	5,64	2,98	1,66	1,00	0,70	−5,06	

6.2.1.3 Sechsgang- und Siebengang-Getriebe

Da die Eingruppen-Bauweise ein progressive Stufung zuläßt, ermöglicht die Erweiterung auf 6 oder 7 Gänge sowohl eine kleinere Stufung der oberen Fahrgänge als auch eine große Übersetzung im 1. Gang. Da die Zahl der Gänge (einschließlich Rückwärtsgang) jetzt ungerade geworden ist, muß zu dem zusätzlichen Zahnradpaar auch noch ein zusätzliches Schaltelement mit Stange und Schaltgabel kommen.

Nkw-Fünf- und Sechsgang-Getriebe gibt es häufig in 4 Varianten (und mehreren Übersetzungen).

a) „Berggang-Ausführung", bedeutet hohe Übersetzung des 1. Gangs und letzter Gang direkt, **Bild 95**.
b) „Schnellgang-Ausführung", bedeutet gleicher Wandlungsbereich wie bei a), aber kleinere Übersetzung des 1. Gangs und oberster Gang mit einer Übersetzung <1 (Schnellgang), **Bild 96**.
Diese Version ergibt kleinere Kräfte im Getriebe und läßt daher im allgemeinen ein etwas höheres Motormoment zu, sie erfordert aber zum Ausgleich eine höhere Übersetzung der Achsgetriebe.
c) Getriebe mit Allklauenschaltung, **Bild 95**.
d) Getriebe mit Sperrsynchronisierung der Schaltung der Vorwärtsgänge, Synchrongetriebe, **Bild 96**.

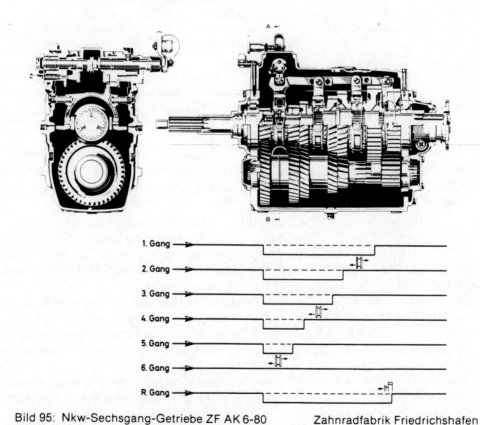

Bild 95: Nkw-Sechsgang-Getriebe ZF AK 6-80   Zahnradfabrik Friedrichshafen
Allklauen-Getriebe in Berggang-Ausführung.

Gang	I	II	III	IV	V	VI	R	
i_g	9,00	5,18	3,14	2,08	1,44	1,00	-8,45	Berggang
	7,41	4,27	2,75	1,84	1,24	1,00	-6,96	
	6,70	3,86	2,34	1,44	1,00	0,73	-6,31	Schnellg.

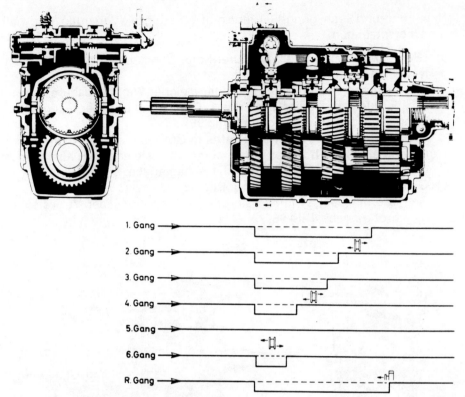

Bild 96: Nkw-Sechsgang-Getriebe ZF S 6-80 Zahnradfabrik Friedrichshafen
Allsynchron-Getriebe in Schnellgang-Ausführung, Übersetzungsvarianten wie Bild 95.

In den **Bildern 95** und **96** wurden die 4 Varianten kombiniert. Sie sind aber getrennt verfügbar. Die Baulänge der Synchronisierungselemente ist inzwischen so reduziert, daß für beide Ausführungen c) und d) die Getriebe gleich lang sind. Die Unterschiede in den Kosten (und im umgekehrten Sinn des Bedienungsaufwands) bleiben natürlich bestehen.
Bild 97 a zeigt ein älteres Getriebe mit Klauenschaltung, bei dem der 1. Gang und Rückwärtsgang durch ein Schiebezahnrad zum Eingriff gebracht werden, der 6. Gang (Schnellgang) ist fliegend außerhalb der rechten Getriebewand hinzugefügt. **Bild 97 b** gibt den Schnitt eines entsprechenden Getriebes mit Synchronschaltung für die Gänge 2 bis 6 wieder.
Bei dem Getriebe nach **Bild 98** sind alle Zahnradpaare innerhalb der Getriebewände untergebracht. Das Getriebe für hohe Drehmomente wurde von vornherein für 6 Gänge konzipiert.
Eine Schaltung des 1. bzw. Rückwärtsgangs durch Schiebezahnräder, **Bild 97**, findet sich nur noch selten, in der Regel werden heute auch der 1. und der Rückwärtsgang durch Klauen, sei es durch Verschieben des R-Rads auf der Welle, **Bilder 95** und **96**, sei es durch eine eigene Schaltmuffe, **Bilder 98** und **99**, zum Einsatz gebracht.

Nkw-Getriebe

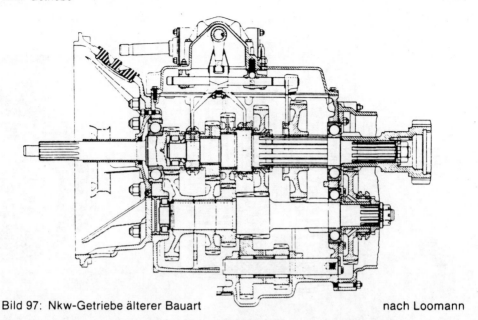

Bild 97: Nkw-Getriebe älterer Bauart   nach Loomann

Bild 97a: Nkw-Sechsgang-Getriebe, AEC D 203, nicht mehr in Produktion
1. Gang und R-Gang Schieberad, 2. bis 6. Gang Klauenkupplung.

Gang	I	II	III	IV	V	VI	R
i_g	7,17	4,44	2,54	1,53	1,00	0,75	−7,49

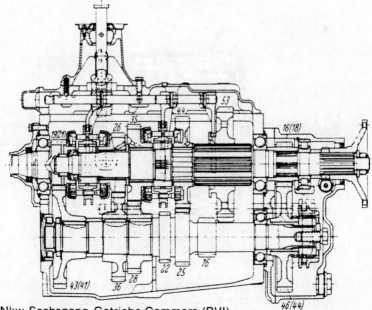

Bild 97b: Nkw-Sechsgang-Getriebe Commers (RVI)
1. Gang und R-Gang Schieberad, 2. bis 6. Gang sperrsynchronisiert. Die Zahlen im Bild sind Zähnezahlen.

Gang	I	II	III	IV	V	VI	R
i_g	7,497	3,983	2,555	1,590	1,000	0,787	−7,573

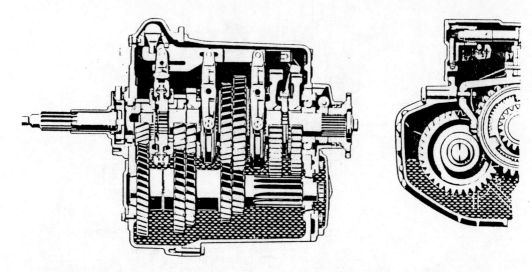

Bild 98: Nkw-Sechsgang-Getriebe Mercedes-Benz G4/65-6/9,0 Daimler-Benz
1. bis 6. Gang sperrsynchronisiert, R-Gang Klauenkupplung.

Gang	I	II	III	IV	V	VI	R
i_g	8,954	5,106	3,071	2,064	1,391	1,000	−8,420

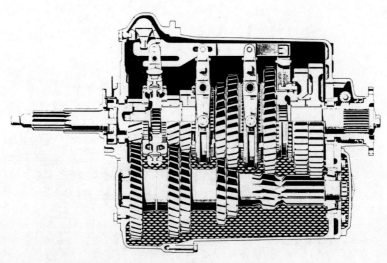

Bild 99: Nkw-Siebengang-Getriebe Mercedes-Benz G4/65-7/11,0 Daimler-Benz
2. bis 7. Gang sperrsynchronisiert, 1. Gang und R-Gang Klauenkupplung. Bei der Einführung 1984 Eingruppen-Getriebe mit der höchsten Gangzahl, abgeleitet vom Getriebe nach **Bild 98**.

Gang	I	II	III	IV	V	VI	VII	R
i_g	11,019	7,991	4,672	2,811	1,755	1,27.	1,000	−10,119

Die Ausnutzung der Schalteinrichtung für den Rückwärtsgang des Sechsgang-Getriebes führt nach Einführung eines weiteren Radpaares zum Eingruppen-Siebengang-Getriebe, das die Vorteile eines großen Bereichs, kleiner Sprünge der oberen Gänge und einfacher Bedienung vereinigt, **Bild 99**. Obwohl naheliegend, ist das Eingruppen-Siebengang-Getriebe doch noch selten.

6.2.2 Zweigruppen-Getriebe

7 Zahnradpaare für das Getriebe mit 6 Vorwärts- und 1 Rückwärtsgang bzw. jetzt 8 Radpaare für 7 Vorwärts- und 1 Rückwärtsgang ist zur Zeit die obere Grenze für das Eingruppen-Getriebe.

Werden heute mehr als 6 bzw. 7 Gänge benötigt, so wird zum Vielgruppengetriebe übergegangen (für 8 Vorwärts- und 1 (2) Rückwärtsgänge 6 Zahnradpaare, für 10 Vorwärts- und 1 (2) Rückwärtsgänge 7 Zahnradpaare).

Bei dem Zweigruppen-Getriebe werden beide möglichen Ausführungsformen — zusätzliche Gruppe als Vorschaltgruppe oder Nachschaltgruppe — angewandt.

Vorschaltgruppe

Sie wird ausschließlich als Zwischengang (Splitter) eingesetzt. Der wesentliche Beitrag der Gesamtübersetzung wird von den Gängen des Hauptgetriebes geleistet, für die dann immer eine langsame und eine schnelle Variante zur Verfügung steht.

Für eine vernünftige Stufung aller Gänge ist eine möglichst geometrische Stufung der Hauptgänge fast zwingend. Gruppenwechsel bedeutet immer die Betätigung von 2 Schaltgliedern, beim Splitter also bei jeder 2. Schaltung, wenn alle Gänge durchgeschaltet werden sollen. Ein kleiner Sprung der Vorschaltgruppe erleichtert den Wechsel. Vorschaltgruppen werden in der Regel als 2 schaltbare Antriebskonstanten realisiert.

Nachschaltgruppe

Sie wird vereinzelt auch als Zwischengang, meist aber als Multiplikationsgang zur Verdopplung der Übersetzung des Hauptgetriebes benutzt. Die Übersetzungen des Hauptgetriebes müssen dann nicht mehr so hoch sein. Eine mäßig progressive Stufung, die dann in zwei Bereichen auftritt, kann akzeptiert werden.

Die Belastung der Verzahnung der Räder der Nachschaltgruppe ist — wie auch ihr Übersetzungssprung — hoch. Daher werden neben kräftigen Vorgelegegetrieben zunehmend mehr Planetengetriebe eingesetzt. Die Nachschalt-Multiplikationsgruppe muß beim Durchschalten der Gänge nur einmal betätigt werden, sie ist heute immer synchronisiert, Schalthilfen sind verbreitet.

Wegen des praktischen Zwangs zu einer angenäherten geometrischen Stufung müssen Gruppengetriebe immer verhältnismäßig viele Gänge besitzen, um nicht zu große Sprünge, aber eine ausreichende Anfahrreserve zu haben.

6.2.2.1 Achtgang-Getriebe

Die **Bilder 100** und **101** zeigen zwei Getriebekonstruktionen mit Vorschaltgruppe. Die erste Antriebskonstante, die jetzt schaltbar ist, wirkt in den Gängen 1, 3, 5, 7, die neu eingeführte 2. Antriebskonstante in den Gängen 2, 4, 6 und 8. Im 7. bzw. 8. Gang wird die 2. Konstante zum Gangradpaar. Alle Schaltelemente der Vorwärtsgänge haben Sperrsynchronisierung. Im Getriebe nach **Bild 100** (oberster Gang Scnellgang) liegen alle Zahnradpaare zwischen den Außenwänden, während im Getriebe nach **Bild 101**, das den obersten Gang direkt hat, nach der Vorschaltgruppe eine Wand eingezogen ist.

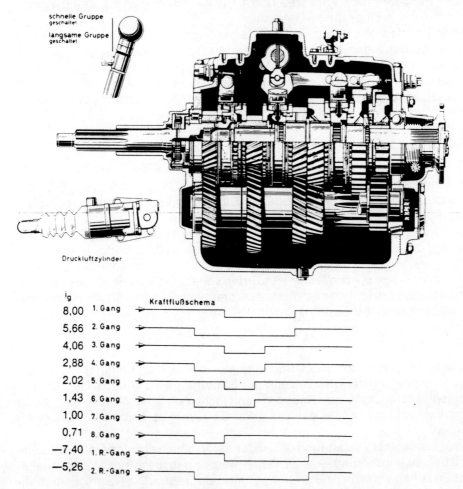

Bild 100: Nkw-Achtgang-Getriebe ZF S 8-45/2, Produktion läuft aus
Zahnradfabrik Friedrichshafen
Zweigruppen-Getriebe: 1. Gruppe Zweigang-Vorschaltgetriebe, Splitter, 2. Gruppe Viergang-Getriebe. Schnellgang-Ausführung, 1. bis 8. Gang sperrsynchronisiert, R-Gang Klauenkupplung. Übersetzung der konstanten $i_k \approx 1{,}33$

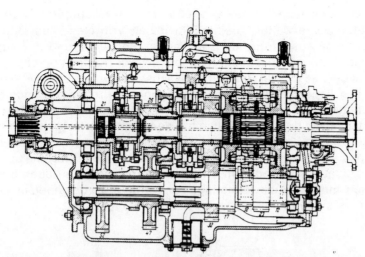

Bild 101: Nkw-Achtgang-Getriebe (OM, Iveco) nach Loomann
Zweigruppen-Getriebe: 1. Gruppe Zweigang-Vorschaltgetriebe, Splitter, 2. Gruppe Viergang-Getriebe. 1. bis 8. Gang sperrsynchronisiert, R-Gang Schieberad. Die Zahlen im Bild sind Zähnezahlen.

Gang	konst.	I	II	III	IV	V	VI	VII	VIII	R
i_g	2,476	8,462		4,661		2,554		1,370		-7,220
	1,808		6,176		3,403		1,864		1,000	-5,220

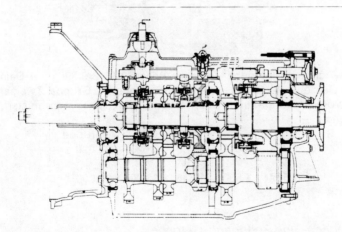

Bild 102: Nkw-Achtgang-Getriebe, Volvo R 60, nicht mehr in Produktion
nach Loomann
Zweigruppen-Getriebe: 1. Gruppe Viergang-Getriebe, 2. Gruppe Zweigang-Vorgelegegetriebe. Vorwärtsgänge und Gruppenschaltung sperrsynchronisiert, R-Gang auf Nebenwelle geschaltet. Die Zahlen im Bild sind Zähnezahlen.

Gang	R	I	II	III	IV	2. Gruppe
i_g	-8,800	10,593	7,403	5,195	3,927	3,927
Gang		V	VI	VII	VIII	
i_g		2,697	1,885	1,323	1,000	1,000

Bei den Getrieben nach **Bild 102** und **103** wurde das Hauptgetriebe durch eine Nachschaltgruppe erweitert, die bei **Bild 102** als Vorgelege-, bei **Bild 103** als Planetengetriebe ausgeführt ist. Bei allen ist die Gliederung in Haupt- und Nachschaltgetriebe ganz deutlich zu erkennen, was bei den Vorschaltgruppen viel weniger der Fall ist. Der Reiz, für die Nachschaltgruppe einen Planetensatz zu verwenden, liegt in der besseren Bewältigung der großen Drehmomente der unteren Gänge. Zur Darstellung hoher Übersetzungen $>2,5$ muß das Hohlrad des Planetensatzes durch Verbinden mit dem Gehäuse festgehalten werden, bei Übersetzungen $<1,6$ das Sonnenrad. Für den direkten Gang der Nachschaltgruppe werden Hohlrad oder Sonnenrad mit dem Steg gekuppelt, der Planetensatz läuft als Block um. In den Zweigruppen-Getrieben stehen im Prinzip auch immer 2 Rückwärtsgänge zur Verfügung, von denen in der Regel aber nur einer eine brauchbare Übersetzung hat.

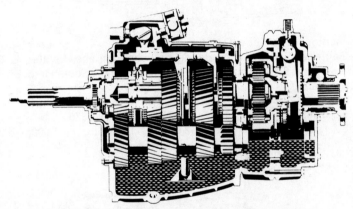

Bild 103: Nkw-Achtgang-Getriebe Mercedes-Benz G3/90-8/9,29   Daimler-Benz
Zweigruppen-Getriebe: 1. Gruppe Viergang-Getriebe, 2. Gruppe Zweigang-Planetengetriebe. Vorwärtsgänge und Gruppenschaltung sperrsynchronisiert, R-Gang Klauenkupplung.

Gang	R	I	II	III	IV	2. Gruppe
i_g	−10,400	9,394	6,648	4,836	3,620	3,620
Gang		V	VI	VII	VIII	
i_g		2,567	1,836	1,336	1,000	1,000

6.2.2.2 Neungang- und Zehngang-Getriebe

Hohe Anfahrübersetzung im 1. Gang und enge Getriebeabstufung der oberen Fahrgänge lassen sich bei der für Gruppengetriebe erwünschten geometrischen Stufung nicht mit 8 Gängen verwirklichen, denn z. B.:
ist $i_I = 9$ gegeben, dann wird der geometrische Sprung

$$s_n = \sqrt[7]{9} = 1,37, \quad \text{was oft zu groß ist;}$$

ist der Sprung $s_n = 1,25$ gegeben, so wird die Übersetzung des 1. Gangs bei geometrischer Stufung $i_I = 1,25^7 = 4,77$, d. h. zu klein.

Daher werden oft die 8 Gänge durch einen 1. Gang mit hoher Übersetzung, dem Kriechgang oder Crawler, ergänzt, so daß die Getriebe eigentlich 9 Vorwärtsgänge haben. Im Getriebe nach **Bild 104** wird dieser Kriechgang durch eine zusätzliche Übersetzung zwischen Vorgelegewelle und der Nebenwelle erreicht. Dazu sind einerseits die Vorgelegewellenräder der Gänge 1 (5), 2 (6), 3 (7) gegenüber der Welle lösbar gemacht und andererseits eine zusätzliche schaltbare Übersetzung zwischen der Vorgelegewelle über die Nebenwelle und dem 2.-(6.-)Gangrad des Vorgeleges vorgesehen. Dabei liegt der 1. Gang in der Getriebemitte. Kriech- und Rückwärtsgang werden durch Klauenkupplungen auf der Nebenwelle, die anderen Vorwärtsgänge sperrsynchronisiert geschaltet.

Das Getriebe nach **Bild 105** zeigt demgegenüber die klassische Neungang-Lösung: Erweiterung eines Fünfgang-Hauptgetriebes durch eine Zweigang-

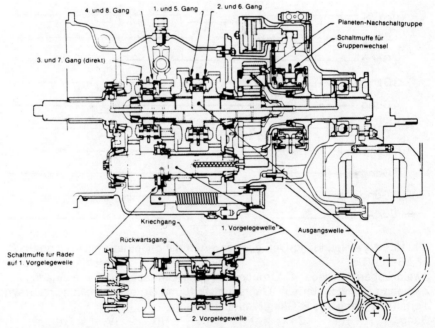

Bild 104: Nkw-Neungang-Getriebe bzw. Achtgang-Getriebe mit Kriechgang (Crawler)
Renault

Zweigruppen-Getriebe: 1. Gruppe Viergang-Getriebe plus Kriechgang, 2. Gruppe Zweigang-Planetengetriebe. Vorwärtsgänge und Gruppenschaltung sperrsynchronisiert, Kriechgang und R-Gang Klauenkupplung. Die Zahnräder von Gang II und III können von der Vorgelegewelle entkuppelt und damit zu Losrädern werden. Dann wird die Nebenwelle zur 2. Vorgelegewelle, die die Klauenkupplungen für den Kriechgang und den R-Gang trägt.

Gang	R	Cr	I	II	III	IV	2. Gruppe
i_g	−11,05	11,09	7,36	5,12	3,71	2,78	3,71
Gang			V	VI	VII	VIII	
i_g			1,98	1,38	1,00	0,75	1,00

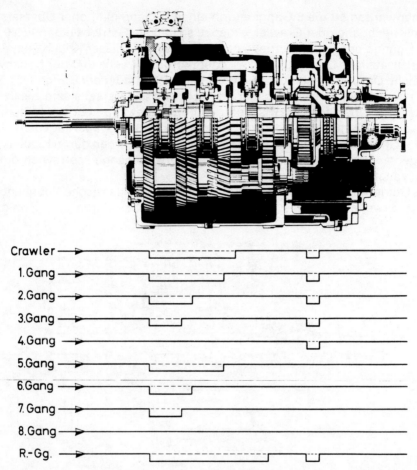

Bild 105: Nkw-Neungang-Getriebe bzw. -Achtgang-Getriebe mit Kriechgang (Crawler)
ZF 5S-111 GP   Zahnradfabrik Friedrichshafen
Zweigruppen-Getriebe: 1. Gruppe Viergang-Getriebe plus Kriechgang, 2. Gruppe
Zweigang-Planetengetriebe. Gänge I bis VIII und Gruppenschaltung sperrsynchronisiert, Kriechgang und R-Gang Klauenkupplung.

Gang	R	Cr	I	II	III	IV	2. Gruppe
i_g	-11,24	13,01	8,27	5,22	4,43	3,43	3,43
Gang			V	VI	VII	VIII	
i_g			2,41	1,73	1,29	1,00	1,00

Nachschaltgruppe, wobei die Kombination: größte Übersetzung Hauptgetriebe, Nachschaltübersetzung direkt nicht benutzt wird, weil sie zu nahe an der benachbarten Übersetzung: Hauptgetriebe direkt mal Übersetzung der Nachschaltgruppe liegt. Das Getriebe nach **Bild 105** gibt es auch als Allklauengetriebe. Nachschaltgruppen sind aber wegen des großen Übersetzungssprungs immer synchronisiert.
Im Getriebe, **Bild 106**, werden Kriech- und Rückwärtsgang wieder durch Klau-

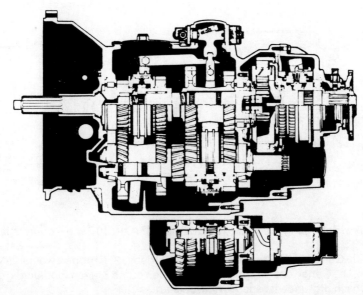

Bild 106: Nkw-Neungang-Getriebe bzw. -Achtgang-Getriebe mit Kriechgang (Crawler) Volvo R 70   Volvo

Zweigruppen-Getriebe: 1. Gruppe Viergang-Getriebe plus Kriechgang, 2. Gruppe Zweigang-Planetengetriebe. Gänge I bis VIII und Gruppenschaltung sperrsynchronisiert, Kriechgang und R-Gang werden durch Klauenkupplungen auf der Nebenwelle geschaltet. Schaltelemente für 1. und 2. Gang des Hauptgetriebes auf Vorgelegewelle, für 3. und 4. Gang auf der Getriebeausgangswelle.

Gang	R	Cr	I	II	III	IV	2. Gruppe
i_g	−16,08	15,04	9,67	6,84	4,80	3,57	3,57
Gang			V	VI	VII	VIII	
i_g	− 4,50		2,71	1,92	1,34	1,00	1,00

en auf der Nebenwelle geschaltet. Die Schaltelemente des Hauptgetriebes (sperrsynchronisiert) sind auf Vorgelege- und Ausgangswelle angeordnet. Natürlich lassen sich bei Bedarf mit gleichem Bauaufwand auch 10 gleichmäßig gestufte Gänge darstellen. **Bild 107** zeigt ein Getriebe dieser Art, bei dem übrigens mehr Gewicht auf kleine Stufung als auf eine hohe Übersetzung im 1. Gang gelegt ist. Im Gegensatz zu allen anderen Getriebekonstruktionen hat das Hauptgetriebe 2 Vorgelegewellen, so daß die Eingangsleistung geteilt auf 2 Wegen zur Ausgangswelle geführt wird. Die Kräfte werden halbiert, die Zahnräder können leichter und das Getriebe kleiner gebaut werden (u. U. Vorteil für die Bodenfreiheit).

Damit die Lastaufteilung statisch bestimmt bleibt, ist die Ausgangswelle des Hauptgetriebes elastisch aufgehängt, so daß sie sich längs der Eingriffslinien beider Verzahnungen solange bewegen kann, bis die Kräfte im Gleichgewicht sind. Die Schaltelemente sind außerordentlich einfache Klauenkupplungen mit minimalem axialen Platzbedarf. Die Schaltelemente der Nachschaltgruppe sind sperrsynchronisiert.

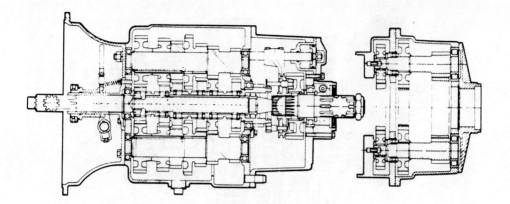

Bild 107: Nkw-Zehngang-Getriebe ‚Roadranger' RT(O)-610 Twin Countershaft
Eaton Fuller

Zweigruppen-Getriebe: 1. Gruppe Fünfgang-Getriebe, 2. Gruppe Zweigang-Vorgelege-Getriebe. Die Gänge des Hauptgetriebes werden durch Klauenkupplungen geschaltet, die Nachschaltgruppe ist sperrsynchronisiert.

In einer weiteren Variante dieses Getriebes ist die Nachschaltgruppe mit 3 Gängen versehen, was 15 Gänge ergibt, von denen 13 ausgenutzt sind.

Gang	R	I	II	III	IV	V	2. Gruppe
i_g	−8,74	8,05	6,31	4,98	3,95	3,20	3,20
Gang		VI	VII	VIII	IX	X	
i_g	−2,73	2,51	1,98	1,56	1,20	1,00	1,00

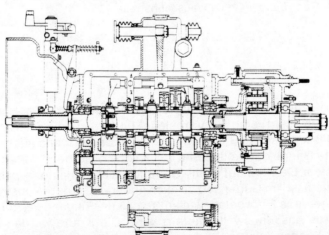

Bild 108: Nkw-Zehngang-Getriebe, David Brown, nicht mehr in Produktion
nach Loomann

Zweigruppen-Getriebe: 1. Gruppe Fünfgang-Getriebe, 2. Gruppe Zweigang-Planetengetriebe als Splitter. Schaltung aller Gänge, auch des Planetensatzes durch Klauenkupplungen.

Gang	R	I	II	III	IV	V	VI	VII	VIII	IX	X	2. Gr.
i_g	−8,030	10,738		6,680		3,795		2,186		1,375		1,375
			7,810		4,860		2,760		1,590		1,000	1,000

Das Getriebe nach **Bild 108** bildet eine Ausnahme. Es hat zwar einen Planetensatz als Nachschaltgruppe, der aber als Splitter wirkt. Für die Übersetzung muß das Sonnenrad festgehalten werden. Wegen ungleicher Stufung des Hauptgetriebes sind die Gangübersetzungen nicht sehr gleichmäßig aufgeteilt.

Zu den Vielgang-Zweigruppen-Getrieben gehören auch die Zwölfgang-Getriebe, die durch die Verdoppelung der Gangzahl der Sechsgang-Hauptgetriebe entstehen. Dabei wird in der Regel eine Zwischengang-Gruppe davorgeschaltet, **Bild 109**. Bisher wird das Sechsgang-Hauptgetriebe mit progressiver Stufung unverändert übernommen, so daß weniger „echte" Zwölfgang-Getriebe entstehen, sondern Sechsgang-Getriebe, bei denen für jeden Gang eine starke und eine schnelle Übersetzung (low and fast) gewählt werden kann. So werden diese Kombinationen auch bezeichnet. Solche 2 x 6-Gang-Getriebe nach **Bild 109** haben schon 8 Radpaare eingebaut!

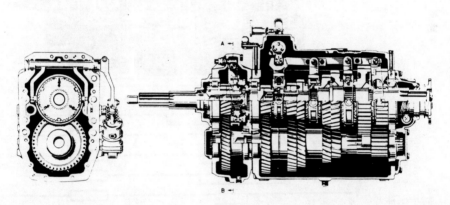

Bild 109: Nkw-Zwölfgang-Getriebe bzw. 2-x-Sechsgang-Getriebe (ZF AK 60 mit GV 80) Zahnradfabrik Friedrichshafen
Zweigruppen-Getriebe: 1. Gruppe Zweigang-Vorschaltgetriebe (Splitter), 2. Gruppe Sechsgang-Getriebe. Sperrsynchronisierung in der Vorschaltgruppe, Klauenschaltung im Hauptgetriebe

Gang	1. Gr.	R	I	II	III	IV	V	VI	VII	VIII	IX	X	XI	XII
i_g	2,05	−8,45	9,00		5,18		3,14		2,08		1,44		1,00	
	2,08	−7,05		7,52		4,33		2,62		1,73		1,20		0,83

6.2.3 Dreigruppen-Getriebe

Sollen nun wirklich eine hohe 1.-Gang-Übersetzung, kleine Stufung der oberen Fahrgänge und geometrische Gangsprünge kombiniert werden, so erfordert das viele Gänge. Solche Getriebe können wirtschaftlich nur noch über Dreigruppen-Getriebe dargestellt werden. Mit 8 Radpaaren oder 6 Radpaaren und einem Planetensatz lassen sich dann nämlich aus Vorschaltgruppe (Splitter), Viergang-Hauptgetriebe und Zweigang-Nachschaltgruppe 2 x 4 x 2 = 16 Gänge erzeugen, **Bild 110**. 16 Gänge ergeben nach Gl. (43) $I = s_n^{15}$:

s_n	1,150	1,175	1,200
I	8,14	11,23	15,40

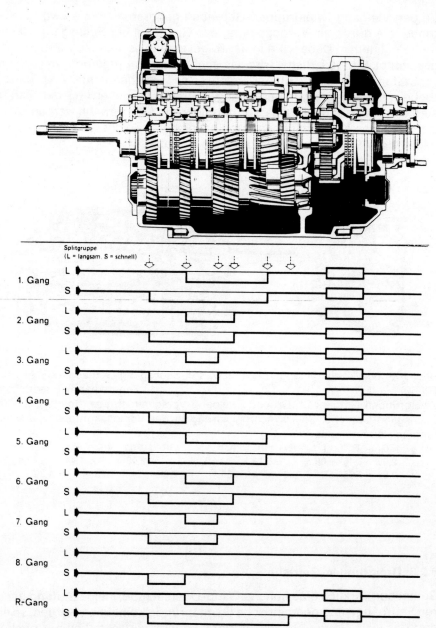

Bild 110: Nkw-Sechzehngang-Getriebe ZF Ecosplit 16 S 130
Zahnradfabrik Friedrichshafen

Nkw-Getriebe

Legende zu Bild 110
Dreigruppen-Getriebe: 1. Gruppe Zweigang-Vorschaltgetriebe (Splitter), 2. Gruppe Viergang-Hauptgetriebe, 3. Gruppe Zweigang-Planetengetriebe. Alle Vorwärtsgänge und die Gruppenschaltungen sind sperrsynchronisiert, R-Gang Klauenkupplung.
Übersetzungsvarianten:

R_L	−10,15	−10,15	−11,06	−12,66				
R_S	− 8,64	− 8,64	− 9,41	−10,37				
I	10,14	11,46	13,68	14,29	IX	2,49	2,81	3,36	3,12
II	8,63	9,75	11,64	11,71	X	2,12	2,39	2,86	2,56
III	7,01	7,96	9,40	9,93	XI	1,72	1,95	2,31	2,17
IV	5,96	6,77	8,00	8,14	XII	1,46	1,66	1,96	1,78
V	4,79	5,65	6,73	7,05	XIII	1,18	1,39	1,65	1,54
VI	4,07	4,81	5,73	5,78	XIV	1,00	1,18	1,41	1,26
VII	3,43	4,07	4,79	4,58	XV	0,84	1,00	1,18	1,00
VIII| 2,92	3,47	4,07	3,76	XVI	0,72	0,85	1,00	0,82

Sogar die Kombination 2 x 5 x 2 = 20, also Zehngang-Getriebe, mit je einer low- und fast-Position ist zu finden, **Bild 111**, 18 Gänge sind genutzt.
Je größer die Zahl der Gänge, desto mehr Schaltarbeit ist vom Fahrer verlangt. Gruppengetriebe werden in der Regel mit Schalthilfen ausgerüstet. Auch werden dem Fahrer zunehmend mehr optische Schaltempfehlungen gegeben, damit er auch den richtigen Gang auswählt. Die an sich logische Konsequenz zum vollautomatischen Getriebe ist bis heute noch nicht vollzogen.

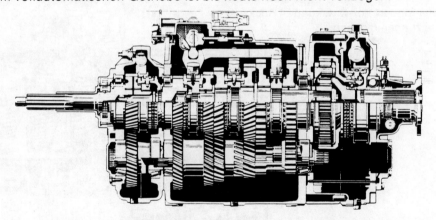

Bild 111: Nkw-Achtzehngang-Getriebe ZF 5 S-111 GP mit GV 90/1
Zahnradfabrik Friedrichshafen
Dreigruppen-Getriebe: 1. Gruppe Zweigang-Vorschaltgetriebe (Splitter) GV 90/1, 2. Gruppe Fünfgang-Hauptgetriebe 5 S-111 GP — vgl. **Bild 105,** 3. Gruppe Zweigang-Planetengetriebe. 2. bis 5. Gang des Hauptgetriebe und die Gruppenschaltungen sind sperrsynchronisiert, 1. Gang und R-Gang des Hauptgetriebes Klauenkupplung.

I	II	III	IV	V	VI	VII	VIII	IX	X	XI	XII	XIII	XIV	XV	XVI	XVII	XVIII
13,04		8,48		6,04		4,39		3,43		2,47		1,76		1,28		1,00	
	11,07		7,20		5,13		3,72		2,91		2,10		1,50		1,09		85

R_L −11,70; R_S −9,99

Im praktischen Fahrbetrieb ist es allerdings nur selten nötig, alle Gänge durchzuschalten. In der Ebene und an leichten Steigungen können selbst bei voller Zuladung im unteren Bereich Zwischengänge übersprungen, d. h. auf das Schalten des Splitters verzichtet werden. Dafür stehen dann aber sowohl bei den hohen Fahrgeschwindigkeiten als auch bei kleinen Geschwindigkeiten und größeren Steigungen die Getriebeübersetzungen zur Verfügung, die eine optimale Ausnutzung des Motors sowohl hinsichtlich niederen Kraftstoffverbrauchs als auch hinsichtlich der vollen Leistung erlauben. Bei wenig Zuladung oder Leerfahrten kann auf die Benutzung des oder der unteren Gänge verzichtet werden.

6.3 Fahrzeuggetriebe mit Sonderfunktionen

Wenn die Motorleistung wahlweise auf mehrere Achsen verteilt und/oder auch zum Antrieb von Arbeitsgeräten benutzt werden soll, so werden die Getriebefunktionen oft erheblich erweitert, **Bild 112**.

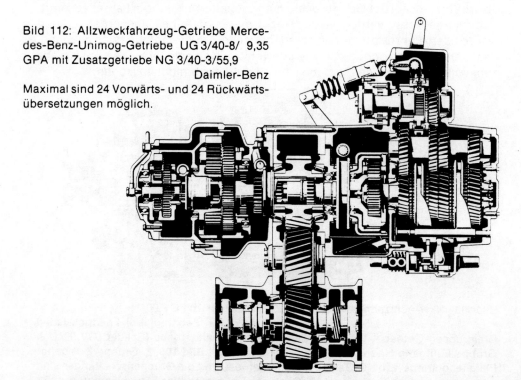

Bild 112: Allzweckfahrzeug-Getriebe Mercedes-Benz-Unimog-Getriebe UG 3/40-8/ 9,35 GPA mit Zusatzgetriebe NG 3/40-3/55,9
         Daimler-Benz
Maximal sind 24 Vorwärts- und 24 Rückwärtsübersetzungen möglich.

Bild 112a: Allzweckfahrzeug-Getriebe, Querschnitt
Viergruppen-Getriebe: 1. Gruppe Wendesatz, 2. Gruppe Viergang-Hauptgetriebe, 3. Gruppe Zweigang-Planetengetriebe, 4. Gruppe Dreigang-Zusatzgetriebe. Schaltungen in 1., 2. und 3. Gruppe sperrsynchronisiert, 4. Gruppe Klauenschaltung.

Fahrzeuggetriebe mit Sonderfunktionen

Hinterachs- oder Allradantrieb kommen dann zu den eigentlichen Aufgaben der Getriebe hinzu, bei Allzweckfahrzeugen oft auch noch zusätzliche Arbeitsgänge mit extrem hohen Übersetzungen, bei denen dann nicht mehr der Bedarf an Drehmoment, sondern die Darstellung einer Kriechgeschwindigkeit von u. U. unter 1 km/h ohne Schlupf in der Kupplung den Wert der Übersetzung bestimmen.

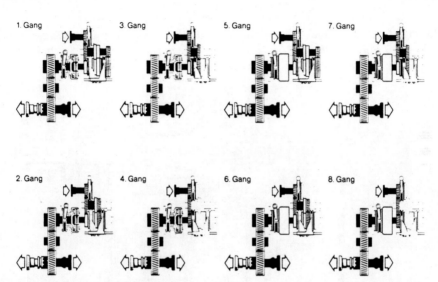

Bild 112b: Allzweckfahrzeug-Getriebe, Kraftfluß und Übersetzungen des Grundgetriebes aus 1., 2. und 3. Gruppe.

Gang	I	II	III	IV	3. Gruppe
i_g	9,35	6,73	4,39	3,62	3,62
Gang	V	VI	VII	VIII	
i_g	2,58	1,86	1,36	1,00	1,00

Alle Gänge auch für Rückwärtsfahrt, Rückwärtsübersetzungen 3 % kleiner (schneller).

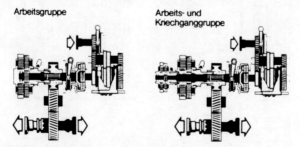

Bild 112c: Allzweckfahrzeug-Getriebe, Kraftfluß und Übersetzungen der 4. Gruppe (Zusatzgetriebe NG 3/40-2/5,76 und NG 3/40-3/55,9)
Straßenfahrt $i_g = 1,00$
Arbeitsfahrt $i_g = 5,76$
Kriechfahrt $i_g = 55,87$
Alle Übersetzungen sind mit denen des Hauptgetriebes kombinierbar.

Viele der Nutzfahrzeuggetriebe bieten auch eine Auswahl unterschiedlicher Nebenantriebe an, vom Motor oder einer Getriebewelle angetrieben, **Bild 113**. Nebenantriebe, die vom Motor angetrieben werden (vergleiche **Bilder 14** und **17**) haben in der Regel eine kraftschlüssige Kupplung. Nebenantriebe, von der Vorgelegewelle angetrieben, werden meist durch Klauenkupplung geschaltet (vergleiche auch **Bilder 92** und **112**), weil sie die Anfahrkupplung mitbenutzen können.

Bild 113: Nebenantriebe — verwendbar mit Sechsgang-Getriebe Mercedes-Benz G4/65-6/9,0, vgl. **Bild 98** Daimler-Benz

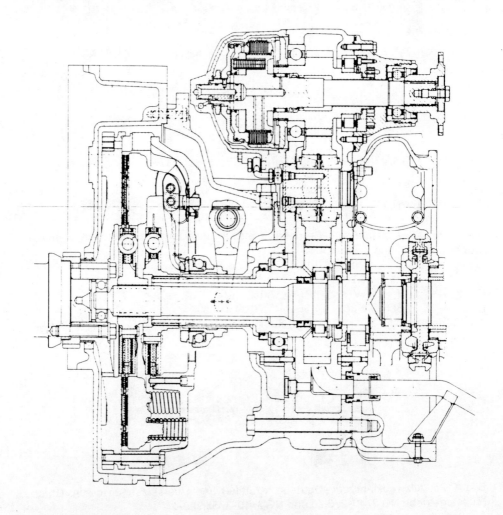

Bild 113a: Motorgetriebener Nebenantrieb NMV4/120
Fest mit Motorschwungrad verbunden, vgl. auch **Bild 13** zuschaltbar durch eigene Lamellenkupplung, $i = 0{,}78$.

Fahrzeuggetriebe mit Sonderfunktionen 177

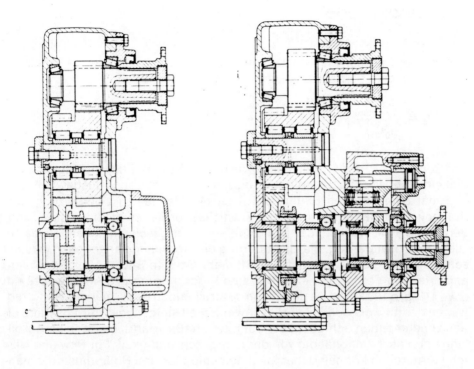

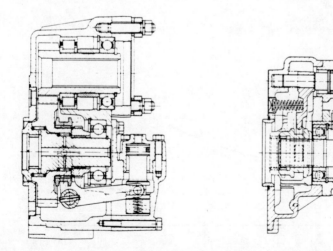

Bild 113b: Variationen von Nebenantrieben von der Vorgelegewelle angetrieben. Klauengeschaltet, da Hauptkupplung die Verbindung zum Motor lösen kann. Verschiedene Übersetzungen sind möglich.

7 Achsgetriebe

Achsgetriebe passen die Drehzahlniveaus von Motor und Radwellen aneinander an. Die feste Übersetzung i_f ergibt sich aus Gl. (10) zu

$$i_f = \frac{(i/r)_{min}}{(i_g)_{min}} \cdot r$$

Der Rollradius r der Antriebsräder, die nach Tragkraft und Höchstgeschwindigkeit, nicht aber nach den Bedürfnissen des Triebstrangs ausgewählt werden, hat einen großen Einfluß auf die Höhe der festen Übersetzung. Der Rollradius der Räder ist wegen der Elastizität der Reifen nicht konstant, sondern nimmt mit wachsender Drehzahl, also Fahrgeschwindigkeit, etwas zu. Diese Radiusänderung, die als Änderung der Abrollänge angegeben wird, ist seit Einführung der Gürtelreifen nicht mehr groß. In **Bild 114** zeigt das nicht angetriebene Vorderrad eines Pkw eine Vergrößerung des Abrollweges um etwa 4 ‰ pro 100 km/h. Da der Reifen des treibenden Rads, hier das Hinterrad, wegen der für wachsende Fahrgeschwindigkeit steigenden Antriebskräfte einen zunehmenden Schlupf gegenüber der Straße erfährt, bleibt seine Abrolllänge praktisch unabhängig von der Fahrgeschwindigkeit. Für Pkw und Nkw mit Gürtelreifen können daher im allgemeinen für den Rollradius r die statischen Werte eingesetzt werden.

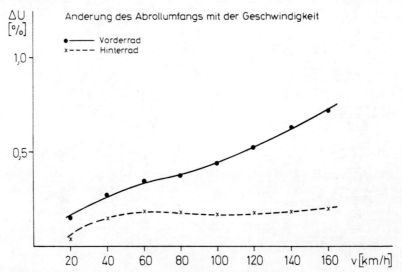

Bild 114: Abrollumfang $U \approx 2 \pi r_{dyn}$ eines Pkw-Gürtelreifens.
nach Messungen von Daimler-Benz

Der Reifenschlupf des treibenden Hinterrads kompensiert etwa die Zunahme des dynamischen Rollradius mit der Fahrgeschwindigkeit, wie der Vergleich zum getriebenen Vorderrad zeigt.

Einstufen-Achsgetriebe

Beispiele:
1. Pkw $\omega_o = 500$ rad/s; $v_o = 50$ m/s; $(i/r)_{min} = 10$ m^{-1};

   $(i_g)_{min} = 1$; $r = 0{,}32$ m

   Achsübersetzung $i_f = 3{,}2$

2. Nkw $\omega_o = 230$ rad/s; $v_o = 23$ m/s; $(i/r)_{min} = 10$ m^{-1};

   $(i_g)_{min} = 1$; $r = 0{,}519$ m

   Achsübersetzung $i_f = 5{,}19$

7.1 Einstufen-Achsgetriebe

Die feste Übersetzung i_f ist in der Regel mit dem Achsantrieb kombiniert. Wenn die Achsen der Eingangs- und Ausgangswellen des Achsgetriebes sich schneiden oder kreuzen, werden Kegel- oder Schnecken-Getriebe (selten) verwendet. Aus Gründen der Laufruhe wird in der Regel für sich schneidende Achsen die Spiralverzahnung, für sich nahe kreuzende Achsen die Hypoid-Verzahnung eingesetzt, **Bild 115a**.
Liegen die Achsen der Eingangs- und Ausgangswellen parallel, so werden für die feste Übersetzung Stirnräder oder Zahnketten (selten) eingesetzt. Immer aber bestimmt die Gesamtkonzeption des Triebstrangs die Art der Achsgetriebe.

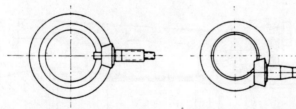

Spiralkegelräder   Hypoidkegelräder

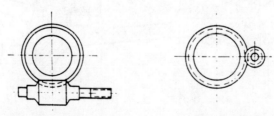

Schneckenräder   Stirnräder

Bild 115: Achsgetriebe mit rechtwinkligen Achsen

Bild 115a: Zahnradanordnungen für Achsgetriebe, schematisch   nach Bussier

Fahrzeuge mit Standardantrieb bevorzugen beim Pkw den Hypoidtrieb, der nicht nur ruhigen Lauf ergibt, sondern auch ein Tieferlegen der Gelenkwelle erlaubt.
Die Hypoid-Verzahnung hat vom Prinzip her beim Abwälzen der Zähne einen höheren Gleitanteil, der die Verwendung besonderer Hypoidöle zur Schmierung verlangt.
Bei Nutzfahrzeugen mit Standardantrieb finden sich sowohl Hypoid- als auch Spiral-Verzahnung.
Fahrzeuge mit quer eingebautem Motor (Front oder Heck) verwenden in der Regel Stirnräder (schrägverzahnt).
Die Zahnräder der Achsgetriebe sind dauernd im Betrieb und müssen sowohl die hohen Drehmomente der großen Getriebeübersetzungen (untere Gänge) als auch die hohen Drehzahlen der kleinen Getriebeübersetzungen (obere Gänge) während der gesamten verlangten Lebensdauer ertragen. Dabei müssen die Achsgetriebe sowohl bei Zug als auch bei Schub (Motorbremse oder Retarder) dauerfest sein. Gehäuse, Lagerung und Zahnräder müssen entsprechend dimensioniert werden. Für die Berechnung der verschiedenen Kegelradverzahnungen geben die Firmen für ihre speziellen Systeme Berechnungsunterlagen heraus. Da die Steifigkeit des Systems großen Einfluß auf Dauerhaltbarkeit und Laufruhe der Verzahnung hat, kommt der steifen Lagerung des Antriebsritzels besondere Bedeutung zu, **Bild 115 b**.

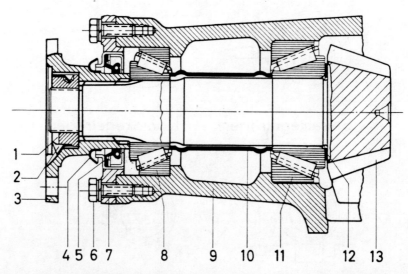

Bild 115b: Lagerung der Ritzelwelle im Achsgetriebe   nach Daimler-Benz
1 Kontermutter, 2 Sicherungsblech, 3 Antriebsflansch, 4 Staublippe, 5 Wellendichtring, 6 Deckelschrauben, 7 Deckel, 8 Kegelrollenlager, vorn, 9 Gehäuse, 10 Abstandshülse, 11 Kegelrollenlager, hinten, 12 Distanzscheibe, 13 Antriebsritzel des Achsgetriebes

7.2 Mehrstufen-Achsgetriebe

Die in einer Stufe realisierbaren Übersetzungen liegen bei etwa $2,2 \leq i_f \leq 6,5$. Noch kleinere Übersetzungen verlangen zu große Antriebsritzel, jedenfalls solange das Tellerrad über dem Differential angeordnet ist. Daher wird meist an Stelle von $i_f < 2,2$ der oberste Getriebegang als Schnellgang ausgebildet.

Beispiel:

Pkw-Fünfgang-Getriebe

$$(i/r)_{min} = 7,0 \text{ m}^{-1}; \quad r = 0,30 \text{ m};$$
$$(i_g)_{min} = 1: \quad i_f = (7,0 \cdot 0,30)/1 = 2,1$$
$$(i_g)_{min} = 0,75: \quad i_f = (7,0 \cdot 0,30)/0,75 = 2,8$$

Größere Übersetzungen als 6,5 verlangen zu große Tellerräder oder zu kleine Ritzel. Daher wird in diesen Fällen die feste Übersetzung oft in 2 Stufen ausgeführt. Bei schweren Nkw häufig anzutreffen.

Achse mit einfacher Untersetzung

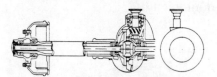

Zwei-Gang-Achse

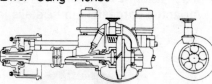

Vorgelege-Achse (Front mounted)

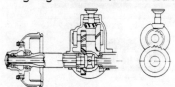

Ritzel-Achse

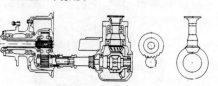

Vorgelege-Achse (Top mounted)

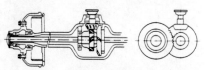

Außenplaneten-Achse

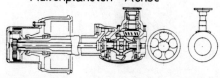

Bild 116: Nkw-Antriebsachssysteme nach Daimler-Benz
Achsgetriebe, einstufig: Kegeltrieb
Achsgetriebe, zweistufig: Vorgelege plus Kegeltrieb
Kegeltrieb plus Planetentrieb
Kegeltrieb plus Vorgelege

Bei paralleler Lage von Eingangs- und Ausgangswelle, wie es sich bei Achs-Getriebe-Kombinationen in Blockbauweise für Frontantrieb (besonders bei querstehendem Motor), Mittelmotor oder Heckmotor ergeben kann, sind große Übersetzungen wegen des großen, vom Kurbelgehäuse erzwungenen Achsabstandes zwischen Kurbelwelle und Achsgetriebeeingang relativ einfach zu realisieren. Oft finden sich auch Zwischenräder, seltener Zahnketten, **Bilder 57** bis **59** und **Bilder 83** bis **85**.

Die Möglichkeiten zur konstruktiven Gestaltung einer weiteren Übersetzungsstufe der Achsübersetzung sind vielseitig, **Bild 116** (s. S. 181).

— Vorgelege- oder Planetengetriebe vor dem Kegeltrieb,
— Vorgelegegetriebe in den Seitenwellen, die gleichzeitig zur Erhöhung der Bodenfreiheit der Hinterachse dienen können,
— Innen- und Außenplanetenachsen.

Wenn sich die zweite Stufe erst zwischen Differential und Antriebsrädern befindet, sind zwar 2 Getriebe, die aber nur circa das halbe Drehmoment übertragen müssen, notwendig, aber Kegeltrieb, Differential und die Seitenwellen bis zur zweiten Stufe führen wegen der höheren Drehzahl nur ein kleineres Drehmoment und können daher leichter ausgeführt werden. Dieser Vorteil ist bei Außenplanetenachsen besonders ausgeprägt.

In den **Bildern 117** bis **121** sind einige ausgeführte Beispiele der angegebenen Varianten dargestellt mit Details in der Bildunterschrift.

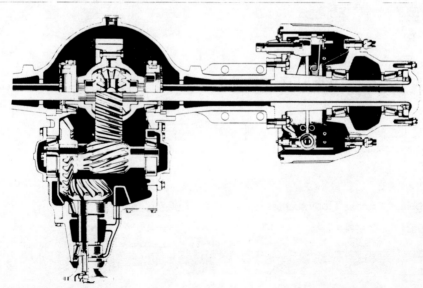

Bild 117: Nkw-Achsgetriebe mit Ausgleichgetriebe, ZF GSA 13 500, nicht mehr in Produktion Zahnradfabrik Friedrichshafen
Achsgetriebe zweistufig
1. Stufe Kegeltrieb: $i_{f1} = 2{,}08$
2. Stufe Vorgelege: $i_{f2} = 3{,}38$; $i_f = i_{f1} \cdot i_{f2} = 7{,}03$

Mehrstufen-Achsgetriebe

Außenplanetenachsen werden mehr und mehr bevorzugt, weil sie geringes Gewicht haben und der Planetensatz sich organisch in die Radnabe einfügt.

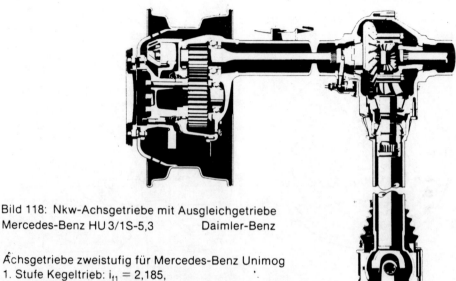

Bild 118: Nkw-Achsgetriebe mit Ausgleichgetriebe
Mercedes-Benz HU 3/1S-5,3   Daimler-Benz

Achsgetriebe zweistufig für Mercedes-Benz Unimog
1. Stufe Kegeltrieb: $i_{f1} = 2{,}185$,
2. Stufe Vorgelege in der Radnabe: $i_{f2} = 2{,}92$; $i_f = 6{,}83$
Durch diese Anordnung wird eine höhere Bodenfreiheit für die Achsen erreicht.
(im Bild ist das Vorgelege um 90° gedreht)

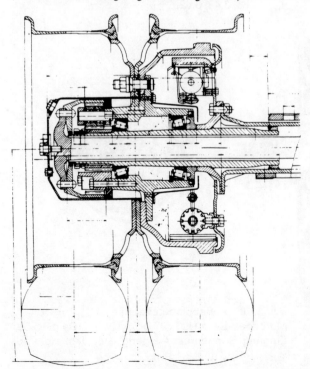

Bild 119: Nkw-Achsgetriebe, zweistufig (Magirus Merkur)
nach Bussien
Die 1. Stufe, der Kegeltrieb, ist nicht abgebildet.
2. Stufe Radnabenplanetensatz: $i_{f2} = 1{,}52$. Eingang: Hohlrad, Ausgang: Steg, fest: Sonnenrad.

Bild 120: Nkw-Achsgetriebe, zweistufig
Die 1. Stufe, der Kegeltrieb, ist nicht abgebildet.
  2. Stufe Radnaben-Planetensatz.
Querschnitt und Ansicht

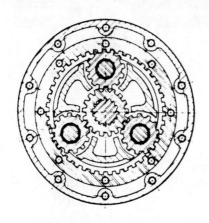
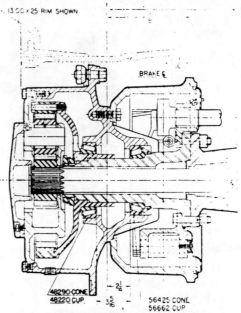

Bild 120a: Außenplanetenachse Clark nach Bussien
Eingang: Sonnenrad, Ausgang: Steg, fest: Hohlrad.
$i_{f2} = 4{,}66; \; 3{,}48; \; 3{,}52$.

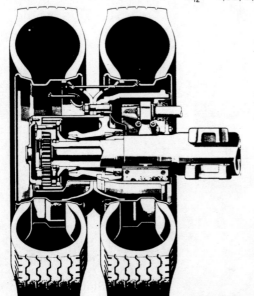

Bild 120b: Außenplanetenachse
Mercedes-Benz HL 7/07 D(S)-10   Daimler-Benz
Eingang: Sonnenrad, Ausgang: Steg, fest: Hohlrad.
$i_{f2} = 3{,}947; \; 3{,}480; \; 3{,}182$.

Schaltbare Achsgetriebe

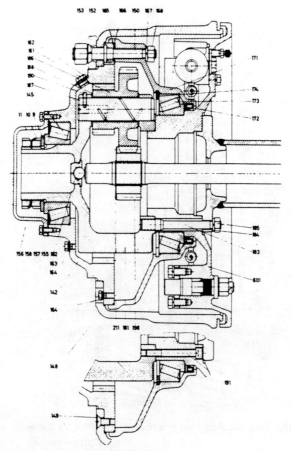

Bild 121: Nkw-Achsgetriebe, zweistufig (BPN)   nach Bussien
Die 1. Stufe, der Kegeltrieb, ist nicht abgebildet.
2. Stufe Radnaben-Planetensatz mit Stufenplaneten.
Eingang: Sonnenrad, Ausgang: Hohlrad, fest: Steg.
Standgetriebe mit Drehrichtungsumkehr $i_{f2} = -6{,}65$.

7.3 Schaltbare Achsgetriebe

Wenn die Transportaufgabe sehr unterschiedliche Anforderungen stellt, kann eine Stufe der Achsgetriebe schaltbar gemacht werden (Schaltachse). Das ergibt zwei Fahrbereiche, z. B. „Gelände" und „Straße".
In der Konstruktion nach **Bild 122** ist dazu hinter dem Kegeltrieb aber vor dem Käfig des Differentials ein schaltbares Zweigang-Vorgelegegetriebe angeordnet. Da in beiden Stufen eine Übersetzung > 1 wirkt, kann die Übersetzung im Kegeltrieb kleiner sein.

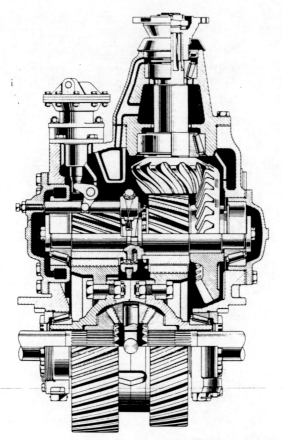

Bild 122: Nkw-Schaltachse mit Ausgleichgetriebe, ZF GSA 13 500 R-2, nicht mehr in Produktion   Zahnradfabrik Friedrichshafen
1. Stufe Kegeltrieb: $i_{t1} = 2{,}72$
2. Stufe Zweigang-Vorgelege-Getriebe: $(i_{t2})_I = 2{,}73$; $(i_t)_I = 7{,}42$ (abgebildet)
$(i_{t2})_{II} = 2{,}04$; $(i_t)_{II} = 5{,}54$

Bild 123 zeigt eine Lösung, bei der auf einer der Seitenwellen, aber im Kraftfluß zwischen Kegeltrieb und Käfig des Differentials, ein Planetensatz angeordnet ist, dessen Hohlrad angetrieben ist und dessen Sonnenrad wahlweise festgehalten (Übersetzung > 1) oder mit dem Steg gekuppelt werden kann (Übersetzung 1).

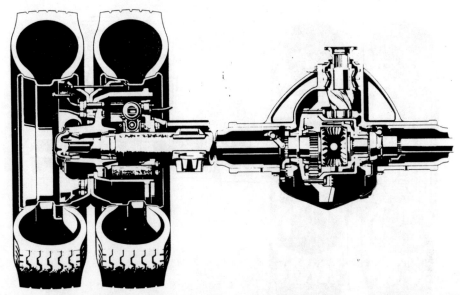

Bild 123: Nkw-Schaltachse Mercedes-Benz HL 5/2 Z-10 Daimler-Benz
1. Stufe Kegeltrieb: i_{f1} = 6,86; 5,62; 4,88.
2. Stufe Planetensatz zwischen Tellerrad des Kegeltriebs und Steg des Ausgleichgetriebes. Antrieb über Hohlrad, Ausgang: Steg, Schaltung durch die Klauenkupplung auf der linken Seite der Abbildung. Schaltelement auf der rechten Seite ist Differentialsperre.
Gang I, Sonnenrad fest: $(i_{f2})_I$ = 1,404; $(i_f)_I$ = 9,63; 7,89; 6,85.
Gang II, Sonnenrad durch Verschieben nach links mit Steg verbunden, $(i_{f2})_{II}$ = 1, Gesamtübersetzung wie 1. Stufe.

7.4 Achsgetriebe mit Durchtrieb

Bei Nutzkraftwagen mit Tandemachsen sind häufig beide Achsen angetrieben, **Bild 124**. Daher muß der Achstrieb der in Fahrtrichtung 1. Achse mit einem Durchtrieb zur 2. Achse versehen werden. Um die Drehmomente auch

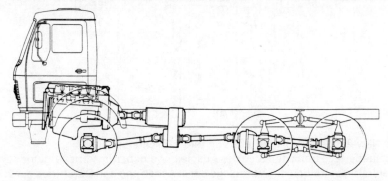

Bild 124: Nkw-Triebstrang mit Tandem-Achse (Mercedes-Benz 2632 AK/6x6)
Daimler-Benz

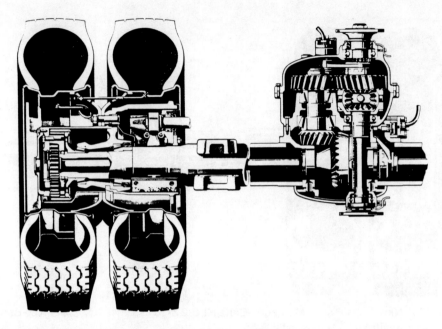

Bild 125: Nkw-Tandem-Achsgetriebe mit Ausgleichgetriebe Mercedes-Benz HD 7/19 DG (S)-13   Daimler-Benz
Nur die 1. Achse gezeigt. Achsgetriebe dreistufig.
1. Stufe Vorgelege: $i_{f1} = 1{,}0$
2. Stufe Kelgeltrieb: $i_{f2} = 1{,}16$ bis $2{,}25$ (7 Varianten)
3. Stufe Außenplanetensatz: $i_{f3} = 3{,}478;\ 3{,}947$
Gesamtübersetzung i_f von 4,03 bis 8,88 in 14 Kombinationen, Differentialsperre für das Verteilerdifferential.

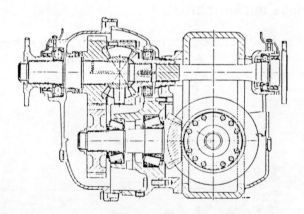

Bild 126: Nkw-Tandem-Achsgetriebe von Bild 125, Querschnitt
Die Durchtriebswelle treibt den Steg des Ausgleichgetriebes im Verteilergetriebe an. Die Kegel-Zentralräder treiben das Vorgelege der 1. Achse und den Durchtrieb zur 2. Achse an. Die Klauenkupplung am Eingang kann das Ausgleichgetriebe sperren.

Achsgetriebe mit Durchtrieb

bei Unterschieden in den Radien der Räder oder unterschiedlichem Schlupf (Belastung) gleichmäßig auf die angetriebenen Achsen zu verteilen, muß das Eingangsmoment zunächst zu einem Differentialgetriebe (vgl. Kap. 9) geführt werden, von dem ein Ausgang zum Kegeltrieb der 1. Achse, der andere Ausgang zu dem der 2. Achse geführt wird, **Bilder 125** und **126**.
Die Achse kann wieder eine einstufige oder zweistufige Übersetzung haben.
Bild 127 zeigt eine andere konstruktive Ausführung der gleichen Aufgabe.
In beiden gezeigten Getrieben für Tandemachsen ist das Ausgleichgetriebe zwischen den Achsgetrieben sperrbar.

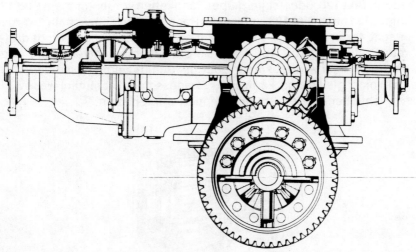

Bild 127: Nkw-Tandem-Achsgetriebe, zweistufig   Zahnradfabrik Friedrichshafen
1. Stufe Kegeltrieb: $i_{f1} = 1$
2. Stufe Vorgelege: $i_{f2} = 2,58$
Die Eingangswelle treibt den Steg des Ausgleichgetriebes an. Das linke Zentralkegelrad ist mit der inneren Durchgangswelle verbunden, das rechte Zentralkegelrad mit der Hohlwelle, die das Kegelrad des ersten Achsgetriebes antreibt. Das Ausgleichgetriebe kann gesperrt werden.

8 Verteilergetriebe

Sollen mehr als eine Einzel- oder Tandemachse angetrieben werden, z. B. Allradantrieb bei Pkw, Geländewagen und Lkw, dann muß zwischen das Schaltgetriebe und die Achsgetriebe ein die Antriebsleistung verteilendes Getriebe, das Verteilergetriebe, angeordnet werden, vgl. auch **Bild 6** und **Bild 124**.

8.1 Eingang-Verteilergetriebe

Die erforderliche Achsversetzung wird über Vorgelegestufen, evtl. mit Zwischenrädern, **Bild 128**, oder (selten) über Zahnketten vorgenommen, **Bild 130**. Der Frontantrieb nach **Bild 128** kann in der Regel zu- und abgeschaltet werden. Eine einfache formschlüssige Verbindung der Antriebsachsen zwingt diesen bestimmte Drehzahlen auf. Auch läßt sie die Drehmomentverteilung offen. Wenn die Radien der Antriebsräder oder die Schlupfverhältnisse der Reifen (Lastanteil) nicht gleich sind, kann es zu Zwangsschlupf kommen, was evtl. im Gelände, nicht aber auf der Straße akzeptiert werden kann.

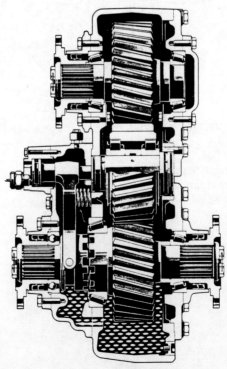

Bild 128: Nkw-Verteilergetriebe Mercedes-Benz VG 850-3W Daimler-Benz
Feste Drehzahlzuordnung, $i_f = 1$, Frontantrieb zuschaltbar.

Eingang-Verteilergetriebe

Zur definierten Aufteilung der Drehmomente werden Differentialgetriebe zwischen Eingangs- und Ausgangswellen der Verteilergetriebe angeordnet.
Die Drehmomentverteilung auf die beiden Ausgangswellen des Verteilergetriebes richtet sich nach der Zähnezahl der zugehörigen Zentralräder des Differentials.
Sind sie ungleich, wie z. B. auf den **Bildern 129** und **130**, dann ist auch die Drehmomentverteilung ungleich (Vorderachse kleiner, Hinterachse größer wegen der unterschiedlichen Lastanteile).
Sind sie dagegen gleich, wie z. B. auf **Bild 131**, so ist das Eingangsdrehmoment hälftig aufgeteilt (Beispiel Pkw mit Allradantrieb oder Pkw Geländewagen mit etwa gleicher Lastverteilung auf Vorder- und Hinterachse).
Verteilergetriebe mit Differential haben in der Regel keinen abschaltbaren Allradantrieb.

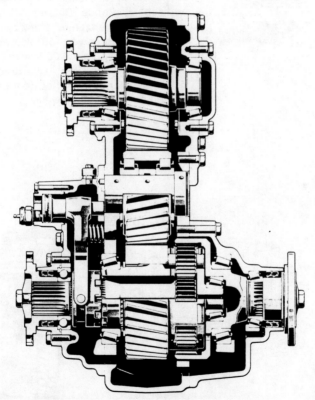

Bild 129: Nkw-Verteilergetriebe Mercedes-Benz VG 850 - 3W   Daimler-Benz
Verteilergetriebe wie Bild 128 aber mit Drehmomentverteilgetriebe (Differential). Aufteilung der Drehmomente entsprechend der Zähnezahlen des Planetensatzes: Vorderachse 28 %, Hinterachse 72 %, permanenter Allradantrieb, das Differential kann gesperrt werden.

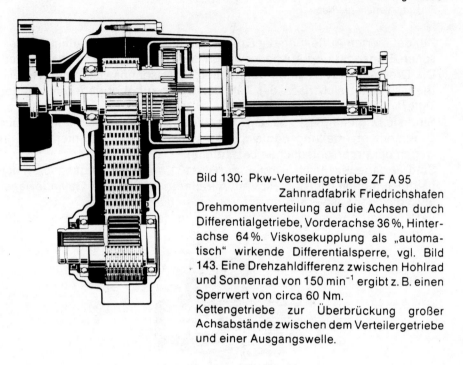

Bild 130: Pkw-Verteilergetriebe ZF A 95
Zahnradfabrik Friedrichshafen
Drehmomentverteilung auf die Achsen durch Differentialgetriebe, Vorderachse 36 %, Hinterachse 64 %. Viskosekupplung als „automatisch" wirkende Differentialsperre, vgl. Bild 143. Eine Drehzahldifferenz zwischen Hohlrad und Sonnenrad von 150 min^{-1} ergibt z. B. einen Sperrwert von circa 60 Nm.
Kettengetriebe zur Überbrückung großer Achsabstände zwischen dem Verteilergetriebe und einer Ausgangswelle.

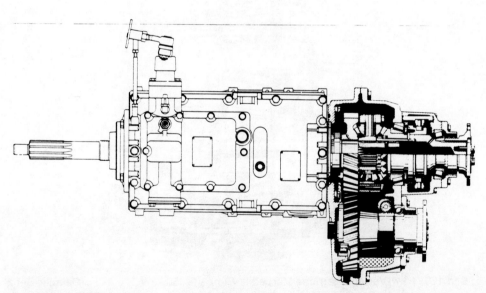

Bild 131: Nkw-Verteilergetriebe, an Schaltgetriebe ZF S6-80V angeflanscht.
Zahnradfabrik Friedrichshafen
Die Getriebeausgangswelle treibt von innen den Steg des Kegelraddifferentials an. Das Drehmoment wird wegen der gleichen Zähnezahlen der Zentralkegelräder hälftig auf Vorder- und Hinterachse aufgeteilt. Das Differentialgetriebe kann durch eine im rechten Zentralrad liegende Klauenkupplung gesperrt werden. Die Übersetzung des Vorgeleges ist $i_v = 1$.

Zweigang-Verteilergetriebe

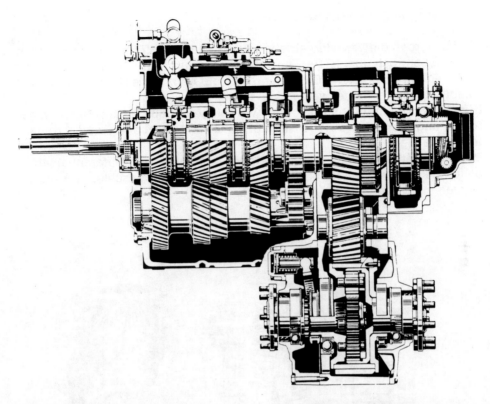

Bild 132: Nkw-Verteilergetriebe, in Achtgang-Getriebe ZF 4S-150 GPA integriert.
Zahnradfabrik Friedrichshafen

Das Schaltgetriebe ist ein Zweigruppen-Getriebe mit einem Planetenrad-Nachschaltsatz.
Der Viergangteil ist um 90° gedreht dargestellt.
Übersetzung im Verteilergetriebe i = 1,02, Aufteilung des Drehmoments: 31% zur Vorderachse, 69% zur Hinterachse. Das Differential im Verteilergetriebe ist sperrbar.

Verteilergetriebe können auch in das Schaltgetriebe integriert sein, **Bild 132**. Hier ist das Eingangszahnrad des Verteilergetriebes, obwohl es zwischen Haupt- und Nachschaltgruppe liegt, mit der Getriebeausgangswelle, d. h. dem Steg des Planetensatzes der Nachschaltgruppe, verbunden.

8.2 Zweigang-Verteilergetriebe

Häufig werden die Verteilergetriebe zweigängig ausgeführt, so daß dann ein zusätzlicher hoch übersetzter Geländebereich durch eine Nachschaltgruppe im Allradbetrieb entsteht. Dafür kann evtl. auf ganz hohe Übersetzungen im Hauptgetriebe verzichtet werden.
Bild 133 zeigt eine Konstruktion als Vorgelegegetriebe ohne Differentialgetriebe, angewendet, wo Reifenschlupf im Gelände akzeptiert wird; Frontantrieb schaltbar.
Bild 134 zeigt das gleiche Verteilergetriebe, aber mit einem Differentialgetriebe für die (überwiegenden) Fälle, wo der erzwungene Radschlupf vermieden werden muß; permanenter Allradantrieb.

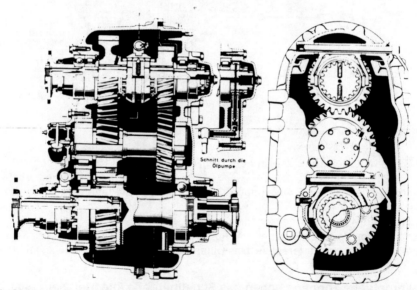

Bild 133: Nkw-Zweigang-Verteilergetriebe ZF VG 500-1
                                                                             Zahnradfabrik Friedrichshafen
Kein Differential im Verteilergetriebe, daher Frontantrieb zuschaltbar.
$(i_f)_I = 1$, $(i_f)_{II} = 1{,}94$, Klauenschaltung.

Zweigang-Verteilergetriebe 195

Bild 134: Nkw-Zweigang-Verteilergetriebe ZF VG 500-1 mit Differential
Zahnradfabrik Friedrichshafen
Das Verteilergetriebe hat die gleichen Übersetzungen wie **Bild 133**. Der Allradantrieb ist jetzt permanent, das Differential teilt das Drehmoment zu 33 % auf die Vorderachse und zu 67 % auf die Hinterachse, das Differential ist sperrbar.

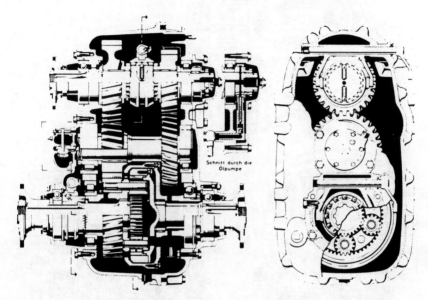

Bild 134a: Nkw-Zweigang-Verteilergetriebe, Querschnitt

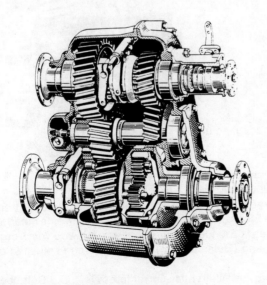

Bild 134b: Nkw-Zweigang-Verteilergetriebe, Ansicht

Die 2 Schaltgänge des Verteilergetriebes können auch durch einen schaltbaren Planetensatz, der hier aber nur als Übersetzungsstufe wirkt, realisiert werden, **Bild 135** (jeweils oben rechts).

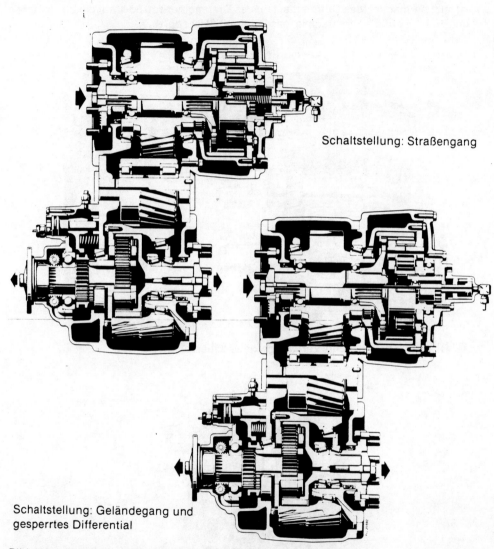

Schaltstellung: Straßengang

Schaltstellung: Geländegang und gesperrtes Differential

Bild 135: Nkw-Zweigang-Verteilergetriebe mit Differential
Mercedes-Benz VG 2000-3 W   Daimler-Benz
Die zwei Gänge werden durch einen Planetensatz (rechts oben) erzeugt. 1. Gang: Planetensatz läuft als Block um, weil das Sonnenrad durch eine innen liegende Klauenkupplung mit dem Steg verbunden ist, die Übersetzung wird vom Vorgelege bestimmt, $(i_t)_I = 1,023$. Der 2. Gang (Geländegang) entsteht durch Festhalten des Sonnenrads, $(i_t)_{II} = 1,436$.
Drehmomentaufteilung im Differential (im unteren Te... es Getriebes): Vorderachse 24%, Hinterachse 76%, das Verteilerdifferential ist spe... ar, Schaltung pneumatisch.

9 Differentialgetriebe

Bei Kraftfahrzeugen mit 4 und mehr Rädern wird die Antriebsleistung über mindestens 2 Räder, wo von der Traktion her erforderlich auch über mehr Räder, bis zum Allradantrieb übertragen. Die Drehzahl der einzelnen Räder ist in der Praxis nie exakt gleich. Das hängt einmal von den unvermeidlichen Streuungen im dynamischen Reifenradius (Fertigungstoleranzen, unterschiedliche Belastung oder unterschiedlicher Reifenluftdruck), dann aber vor allem von unterschiedlichen Wegen der einzelnen Räder bei Kurvenfahrt ab.

Beispiel:

Pkw   Spurweite 1 450 mm, Radstand 2 800 mm, Gesamtlänge 4 725 mm,
      Wendekreisdurchmesser   11 250 mm
      Weg des Außenrads   28,08 m
      Weg des Innenrads   18,99 m

Das Außenrad läuft daher 1,48mal schneller als das Innenrad, bzw. eilt das äußere Rad um ca. 20 % voraus, das innere bleibt um 20 % zurück. Damit die Räder diesen Bewegungsgesetzen ohne Zwangsschlupf folgen und trotzdem ihren Anteil am Antriebsdrehmoment übernehmen können, wird ein Planetenrad-Ausgleichgetriebe (Differential) zwischen Achsantrieb und Seitenwellen eingebaut.

9.1 Ausgleichgetriebe

Ausgleichgetriebe (Differentialgetriebe) machen von der erwähnten Eigenschaft der Planetengetriebe Gebrauch, Drehmomente proportional der Zähnezahl der Mittelzahnräder (Sonnenrad, Hohlrad) aufzuteilen, vgl. Kap. 5.3. Dabei wird der Planetenträger von der Ausgangswelle des Achsgetriebes, z. B. dem Tellerrad, angetrieben, während die beiden Mittelzahnräder mit den beiden ausgehenden Wellen (zu den beiden Rädern einer Achse oder zu den beiden angetriebenen Achsen) verbunden sind. Haben die beiden Zentralräder gleiche Zähnezahl, **Bild 136**, so wird auch das Eingangsdrehmoment am Steg hälftig auf die beiden Ausgangswellen aufgeteilt.
Kegelrad-Differentialgetriebe sind wegen ihrer Einfachheit zwar am meisten verbreitet, aber nicht die einzig mögliche Lösung. Jeder konstruktive Weg, der erlaubt, definierte Drehmomentanteile auf zwei Wellen, die beliebige Drehzahlen haben können, zu verteilen, ist vom Prinzip her möglich. **Bild 137** zeigt ein Stirnraddifferential mit hälftiger Drehmomentaufteilung.
Andere Beispiele werden im Zusammenhang mit Sperrdifferentialen gebracht. Wie schon erwähnt, muß die Drehmomentaufteilung zwischen mehreren angetriebenen Achsen nicht immer hälftig sein. Wenn die Achslast der verschie-

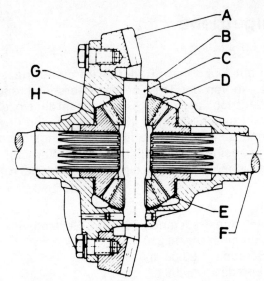

Bild 136: Kegelrad-Ausgleichgetriebe (Differential) nach Bussien
A Tellerrad des Achsgetriebes, B Ausgleichgetriebe-Gehäuse, gleichzeitig Planetenträger und Radkörper des Tellerrads, C Achse der Planetenräder, D Planetenräder, E Zentralkegelräder, F Seitenwellen, mit den Zentralrädern verbunden, G und H Ausgleich- und Lagerscheiben.

Da die Zentralräder gleiche Zähnezahlen haben, wird das Steg-(Eingangs-)Drehmoment hälftig auf die beiden Seitenwellen und damit auf die Räder aufgeteilt.

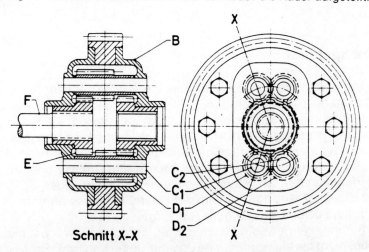

Bild 137: Stirnrad-Ausgleichgetriebe (Differential) — selten angewendet
nach Bussien
B Gehäuse gleichzeitig Planetenträger (Steg) und Radkörper des großen Stirnrads, C_1 und C_2 Achsen der Planetenräder D_1 und D_2, die miteinander kämmen, E Zentralräder, F Seitenwellen. Da die Zentralräder gleiche Zähnezahlen haben, wird das Steg- (Eingangs-)Drehmoment hälftig auf die beiden Seitenwellen und damit auf die Räder aufgeteilt.

Differentialsperre

denen Antriebsachsen sehr unterschiedlich ist, was z. B. bei Nutzfahrzeugen die Regel ist (Vorderachse z. B. 6 t, Hinterachse 10 t), dann ist auch eine entsprechende Aufteilung des Antriebsdrehmoments bei Allradantrieb ratsam, da die Antriebskräfte, die über den Kraftschluß der Reifen auf den Boden gebracht werden können, der Radlast (und dem Reibwert) proportional sind. Dazu werden die Zähnezahlen der Zentralräder des Planetensatzes entsprechend den Achslasten unterschiedlich gemacht, jetzt bieten sich Stirnradplanetensätze an, **Bilder 129** und **130**.

9.2 Differentialsperre

Da Ausgleichgetriebe die Zuordnung der Drehmomente auf die einzelnen Antriebswellen ein für alle Mal festlegen, trifft das auch für die Antriebszustände zu, bei denen das Drehmoment nicht mehr vom Antriebsmotor, sondern von einem rutschenden Antriebsrad bestimmt wird. Wenn in einer kraftschlüssigen Verbindung Drehmoment mit Schlupf übertragen wird, das ist sofort der Fall, wenn ein Rad durchrutscht, dann bestimmt diese Stelle die Höhe der im System herrschenden Drehmomente (vgl. Kap. 3.1).

Es ist ein Nachteil aller Ausgleichgetriebe, daß ein rutschendes Antriebsrad die Antriebsfähigkeit des ganzen Antriebssystems erheblich verringern, ja bei Eisglätte unter diesem Rad praktisch zu null machen kann. Um diese Eigenschaft zu eliminieren, werden schaltbare oder selbsttätig wirkende Differentialsperren vorgesehen, die die Wirkung der Ausgleichgetriebe aufheben und die Antriebsräder und Achsen starr miteinander verbinden. Dann tritt zwar bei Kurvenfahrt Zwangsschlupf an den Rädern auf, aber der Antrieb ist gesichert, wenn auch nur ein Antriebsrad genügend Traktion hat.

Beispiel:

Nkw Gewicht Vorderachse G_V = 60 000 N
Hinterachse G_H = 100 000 N
Gesamt G = 160 000 N

Motordrehmoment M_m = 450 Nm
Wandlung im 1. Gang $(i/r)_I$ = 88 m^{-1}
Übertragungswirkungsgrad η = 0,85

Das ergibt eine Steigfähigkeit von > 20 %.

1) Hinterachsantrieb
erforderlicher Reibwert Reifen/Straße

$$(\mu_r)_H \geq \frac{M_m \cdot (i/r)_I \cdot \eta}{G_H} \geq 0{,}337$$

Bei normalen Straßenverhältnissen ist μ_r nahe 1 und daher eine große Reserve gegen Durchrutschen vorhanden.

2) Allradantrieb
Annahme: Im Differential des Verteilergetriebes wird das Drehmoment auf Vorder- und Hinterachse wie 33% zu 67% aufgeteilt.
Erforderlicher Reibkoeffizient

Vorderräder

$$(\mu_r)_V \geq \frac{M_m \cdot (i/r)_1 \cdot \eta \cdot 0{,}33}{G_V} \geq 0{,}185$$

Hinterräder

$$(\mu_r)_H \geq \frac{M_m \cdot (i/r)_1 \cdot \eta \cdot 0{,}67}{G_H} \geq 0{,}226$$

a) ohne Differentialsperre

Wenn an einem Rad der Reibwert unter diesen Grenzwert fällt, dann bestimmt dieses dann rutschende Rad die maximale Kraft, die an allen Rädern übertragen werden kann.
Kommt z.B. ein Vorderrad auf eine Eisfläche mit einem Reibwert $\mu_r = 0{,}06$, dann überträgt dieses rutschende Rad bei einer anteiligen Belastung von 30 000 N nur noch eine Zugkraft von 1 800 N. Da das Differential im Vorderachsgetriebe aber auch am nicht rutschenden Rad keine größere Kraft zuläßt, ist die Zugkraft der Vorderachse auf $F_V = 3600$ N gesunken.
Wegen des Differentials im Verteilergetriebe reduziert sich damit die maximale Zugkraft, die die Hinterachse überträgt auf

$$F_H = \frac{F_V \cdot 0{,}67}{0{,}33} = 7\,309 \text{ N},$$

womit die Steigfähigkeit unter 6% sinkt und Anfahren kaum noch möglich ist.

b) mit Differentialsperre

In allen Ausgleichgetrieben des Verteiler-, Vorderachs- und Hinterachsgetriebes.
Da die Ausgleichgetriebe nicht mehr wirken, ist die Aufteilung von Drehmoment bzw. Zugkraft auf die einzelnen Achsen unbestimmt. Sie hängt von Last, Reibwert, Drehzahl und Schlupf der einzelnen Räder ab.

Differentialsperre

Im Mittel müßte sich der Reibwert der drei übrigen Räder auf $\mu_r \geq 0{,}245$ erhöhen, wenn ein Rad nur 1 800 N Zugkraft überträgt.

Aber auch schon ein einziges Hinterrad könnte die volle Zugkraft auf den Boden bringen, wenn an dieser Stelle der Reibwert $(\mu_r)_H \geq 0{,}673$ beträgt.

Die klassische Differentialsperre besteht in der Verblockung des Ausgleichgetriebes, wozu eine Verbindung zwischen zwei der drei Zentralwellen des Planetengetriebes ausreicht. In der Regel geschieht das durch Klauenkupplungen, die von Hand oder pneumatisch ein- und ausgerückt werden können. Mechanische Differentialsperren sind vor allem bei Nutzkraftwagen verbreitet, bei Pkw nur bei Allradfahrzeugen, während sonst andere Lösungen bevorzugt werden.

Die Differentialsperre, **Bild 138**, besteht aus einer Klauenkupplung, die die linke Zentralwelle des Planetensatzes mit dem Steg verbindet, wodurch dieser als Block umläuft.

In der Ausführung nach **Bild 139** sind die Klauen durch Sperrbolzen, in der Konstruktion nach **Bild 140** durch eine Konuskupplung ersetzt.

Zur vollen Wirkung müssen alle Differentialgetriebe, also in Mehrachsgetrieben, **Bilder 125, 126** und **127**, in Verteilergetrieben, z. B. **Bilder 129, 131, 132, 133, 134** und **135**, und in dem Achsgetriebe selbst sperrbar sein, weil jedes freie Ausgleichgetriebe zum „Durchgehen" der angeschlossenen Welle führen kann.

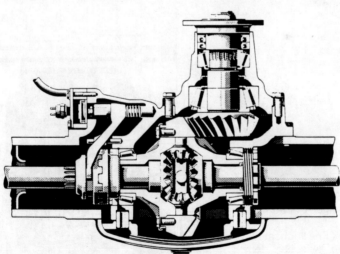

Bild 138: Nkw-Ausgleichgetriebe mit Differentialsperre Mercedes-Benz-Achse HL7/07 D(S)-13   Daimler-Benz

Mit der Klauenkupplung können zwei Zentralwellen des Ausgleichgetriebes, hier linkes Zentralrad und Steg, miteinander verbunden werden, der ganze Planetensatz läuft als Block um, die Wirkung des Ausgleichgetriebes ist aufgehoben.

Differentialgetriebe

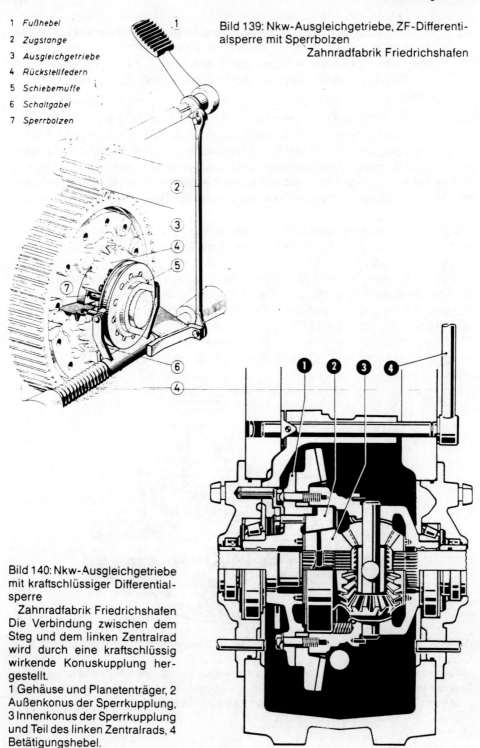

1 Fußhebel
2 Zugstange
3 Ausgleichgetriebe
4 Rückstellfedern
5 Schiebemuffe
6 Schaltgabel
7 Sperrbolzen

Bild 139: Nkw-Ausgleichgetriebe, ZF-Differentialsperre mit Sperrbolzen
Zahnradfabrik Friedrichshafen

Bild 140: Nkw-Ausgleichgetriebe mit kraftschlüssiger Differentialsperre
Zahnradfabrik Friedrichshafen
Die Verbindung zwischen dem Steg und dem linken Zentralrad wird durch eine kraftschlüssig wirkende Konuskupplung hergestellt.
1 Gehäuse und Planetenträger, 2 Außenkonus der Sperrkupplung, 3 Innenkonus der Sperrkupplung und Teil des linken Zentralrads, 4 Betätigungshebel.

9.3 Ausgleichgetriebe mit automatisch begrenztem Schlupf (limited slip)

Wo Differentialsperren von Hand geschaltet werden, besteht immer die Gefahr, daß vergessen wird, sie wieder auszuschalten. Daher wurden Lösungen gesucht, die selbsttätig die negative Wirkung der Ausgleichgetriebe eliminieren. Die Anzahl der vorgeschlagenen Lösungen läßt vermuten, daß noch keine voll befriedigt. Die Sperrwirkung erfolgt immer über einen parallelen Reibungspfad.

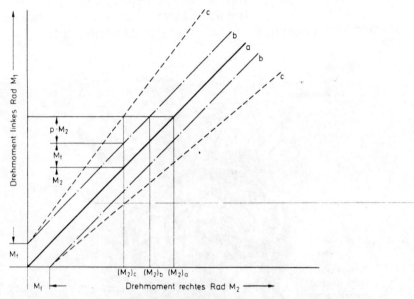

Bild 141: Wirkungsweise von Ausgleichgetrieben mit begrenztem Schlupf
Die Geraden beschreiben die Grenzen von möglichen Drehmomentunterschieden der beiden Seitenwellen, die Indizes 1 und 2 stehen für die beiden Seitenwellen und sind austauschbar, der Index e bezieht sich auf die Eingangsseite.
a Normales Ausgleichgetriebe ohne innere Reibung $M_1 = M_2$
b Ausgleichgetriebe mit konstantem Reibmoment M_f,
   $M_1 = M_2 + M_f$
c Ausgleichgetriebe mit einem konstanten und zusätzlich einem der Last proportionalen Drehmoment, p Proportionalitätsfaktor
   $M_1 = M_2 (1 + p) + M_f$
   $M_f = 0$ beschreibt den Fall nur lastabhängiger Reibung.
d Ein Reibungsanteil, der der Differenzdrehzahl proportional ist, folgt dem Ausdruck
   $M_1 = M_2 + k (\omega_1 - \omega_e)$
   (Im Diagramm nicht dargestellt, k Proportionalitätsfaktor.)

Bild 141 zeigt die Wirkung einer konstanten oder kraftproportionalen Reibung innerhalb des Differentials. Danach kann das eine Rad entsprechen mehr Drehmoment übernehmen als das andere. Die auftretenden Verluste sind wegen der kleinen Drehzahldifferenzen im Normalbetrieb klein. Dieser Effekt wird in vielfältiger Weise ausgenutzt.

— Das selbstsperrende Differential nach **Bild 142** ist eine Kombination der Wirkungen des Stirnrad-Differentials, **Bild 137**, und des Schneckenrad-Differentials, **Bild 145**. Die Zentralräder sind Schraubenräder, in denen Schrauben-Planetenräder kämmen, die ihrerseits über Stirnräder miteinander im Eingriff stehen. Bei unterschiedlicher Drehzahl der beiden Seitenwellen entsteht eine Relativbewegung der Zahnräder, bei der der schlechte Wirkungsgrad der Schraubenverzahnung ein Reaktionsdrehmoment am Rad mit Traktion bewirkt. Das entspricht etwa der Kurve c in **Bild 141** mit geringem Anteil einer Konstantreibung M_f.

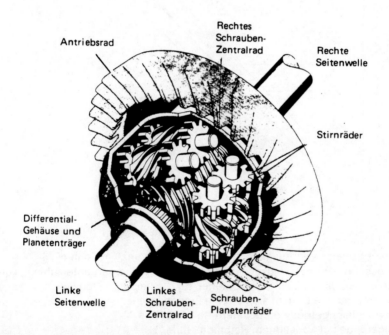

Bild 142: Ausgleichgetriebe mit begrenztem Schlupf　　　　　　　　Torsen
Das Schraubenrad-Ausgleichgetriebe arbeitet wie ein Stirnrad-Differential. Die selbsttätige Sperrwirkung entsteht beim Durchdrehen eines Rades durch die Reibung in der Schraubenverzahnung, was wie eine Kupplung wirkt.

— Das selbstsperrende Ausgleichgetriebe nach **Bild 143**, hat zwischen einem Zentralrad und dem Steg eine Viskosekupplung angeordnet. Da deren Drehmomentübertragung mit der Differenzdrehzahl steigt, hat sie bei normaler Kurvenfahrt kaum Wirkung, sperrt aber stark, wenn ein Rad durchdreht.

Ausgleichgetriebe mit automatisch begrenztem Schlupf (limited slip)

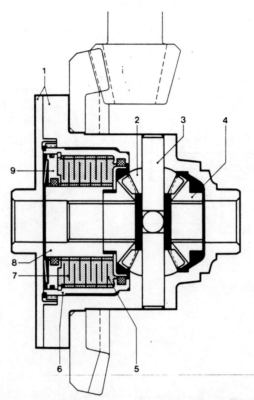

Bild 143: Ausgleichgetriebe mit begrenztem Schlupf, ZF-Viskose-Sperrdifferential
Zahnradfabrik Friedrichshafen
Die Sperrwirkung wird durch die Scherkraft der Flüssigkeit zwischen den Lamellen, die nicht angepreßt sind, erzeugt. Diese Scherkraft steigt ungefähr proportional der Differenzgeschwindigkeit, vgl. Bildunterschrift 142, Fall d. Durch Dimensionierung, Anzahl der Lamellen und Art der Flüssigkeit kann der Sperrwert bei einer Differenzdrehzahl von $\Delta n = 2,5\ s^{-1}$ in den Bereich von 60 Nm bis 200 Nm gebracht werden.
1 Gehäuse des Ausgleichgetriebes, gleichzeitig Planetenträger und Radkörper des Tellerrades, 2 Planetenräder, 3 Planetenradwelle, 4 Zentralräder, 5 Außenlamellen, 6 Außenlamellenträger mit Gehäuse 1 verbunden, 7 Innenlamellen, 8 Innenlamellenträger, mit Zentralrad durch Seitenwelle (nicht dargestellt) verbunden, 9 Überlastkolben, kann gegen Membranfeder nach links ausweichen.

— Radialsperrdifferentiale bestehen aus einem vom Tellerrad angetriebenen Käfig, der radial bewegliche Gleitsteine oder Rollen trägt, **Bild 144**. Die Seitenwellen haben über und unter den Gleitkörpern Klemmflächen, über die diese bei Normalfahrt mitgenommen werden. Unterschiedliche Drehzahlen der beiden Antriebsräder sind nur in dem Maße möglich, wie sich das Voreilen der einen und das Zurückbleiben der anderen Seitenwelle etwa ausgleichen. Versucht ein Rad durchzugehen, so sperren die Gleitsteine (Rollen).

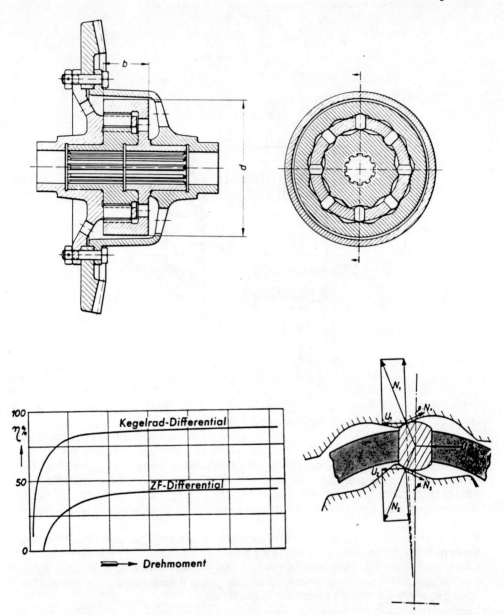

Bild 144: ZF-Selbstsperrdifferential mit Gleitsteinen, nicht mehr in Produktion
Zahnradfabrik Friedrichshafen
Eine Seitenwelle ist mit der inneren, nach außen profilierten Nockenbahn, die andere Seitenwelle mit der äußeren nach innen profilierten Nockenbahn verbunden. Dazwischen liegen die Gleitsteine in einem Käfig, der angetrieben wird.

Bild 144a: ZF-Selbstsperrdifferential, Querschnitt

Bild 144b: ZF-Selbstsperrdifferential, Kräfteplan und Wirkungsgrad
U Umfangskraft, N Normalkraft, μ Reibwert, 1 und 2 Indizes der Seitenwellen

Ausgleichgetriebe mit automatisch begrenztem Schlupf (limited slip)

— Eine ähnliche Wirkung hat das Schneckenrad-Sperrdifferential, **Bild 145**, wo der vom Achsgetriebe (hier Schneckentrieb) angetriebene Käfig das Drehmoment über mehrere Schneckenradpaare auf die Seitenwellen überträgt. Das Durchgehen eines Rades wird hier durch die Reibung der Schneckentriebe gebremst.

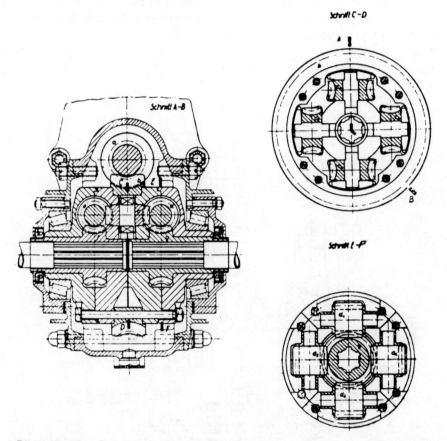

Bild 145: Nkw-Schnecken-Sperrdifferential, Rheinmetall, nicht mehr in Produktion nach Bussien
a Schnecke des Achsgetriebes, b Schneckenrad des Achsgetriebes, gleichzeitig Gehäuse des Ausgleichgetriebes und Planetenträger für 12 Planetenräder c bis e (je 1 bis 4), f und g Schneckenräder auf Seitenwellen, gleiche Zähnezahlen. In ihnen kämmen je 4 Schneckenrad-Planetenräder e und d (je 1 bis 4), die wiederum durch 4 Schneckenräder c (1 bis 4) miteinander in Eingriff stehen.

— Sperrdifferentiale mit Zusatzreibung sind heute am weitesten bei Pkw eingeführt. In ihnen werden parallel zum Kegelradausgleichsgetriebe zusätzliche Reibelemente (Konuskupplung, **Bild 146**, Lamellenkupplung **Bild 147**) zwischen den Zentralrädern und dem Steg angeordnet, die von einer Federkraft und/oder proportional dem durchgesetzten Drehmoment durch den Achsschub der Zentralräder angepreßt werden und so bei Schlupf (geringe Verluste) ein bestimmtes Drehmoment unabhängig von der Übertragungsfähigkeit des anderen Rades weiterleiten.

Alle diese Lösungen haben zwar den Vorteil, daß sie ohne Zutun des Fahrers arbeiten, sie kommen aber an die Wirkung einer mechanischen Differentialsperre nicht heran.

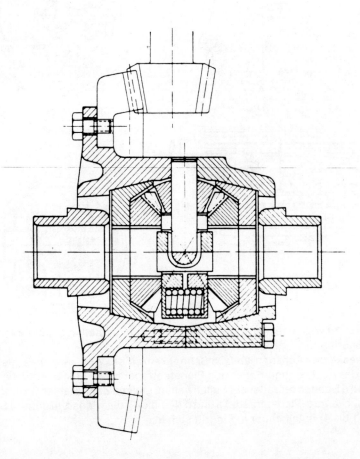

Bild 146: Ausgleichgetriebe mit begrenztem Schlupf (System Borg Warner)
nach Bussien
Zu den Zahnrädern paralleler Kraftpfad über Konuskupplungen zwischen Zentralrädern (über Seitenwellen) und Steg, von Federn und durch Axialkräfte aus Zahnschräge vorgespannt, vgl. **Bild 142**, Fall c.

Ausgleichgetriebe mit automatisch begrenztem Schlupf (limited slip)

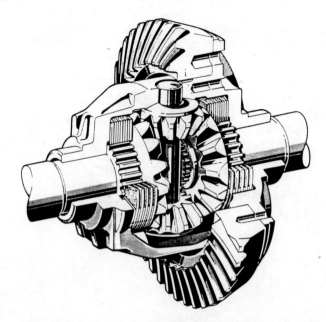

Bild 147: Ausgleichgetriebe mit begrenztem Schlupf (Mercedes-Benz 190E 2.3-16)
Daimler-Benz
Zu den Zahnrädern paralleler Kraftpfad über Lamellenkupplungen, die zwischen Zentralrädern (über Seitenwellen) und Steg liegen. Drehmomentproportionale Anpreßkräfte durch Axialschub aus der Zahnschräge der Differentialräder, vgl. **Bild 142**, Fall c: $M_f = 0$.

Erst in dem „Automatischen Sperrdifferential", ASD, gemäß **Bild 148** ist eine vollautomatische Lösung des Problems gefunden. In einem Differential nach **Bild 146** wurden die beiden Lamellenpakete durch hydraulisch betätigte Kolben ergänzt und so schaltbar gemacht, **Bild 148a**. Das Gesamtsystem ist in **Bild 148b** dargestellt.

Kraftquelle ist eine Hochdruckpumpe, wie sie z. B. für die hydraulische Niveauregelung der Hinterachse (u. U. gleichzeitig) verwendet wird, die einen Membranhochdruckspeicher gefüllt hält. In einer Elektronik werden die Drehzahlsignale von den Vorderrädern mit denen des Achsgetrieberitzels verglichen (Das sind die gleichen Sensoren, die auch für das Antiblockiersystem verwendet werden.). Bei Abweichungen vom normalen Abrollen schaltet die Elektronik das elektrohydraulische Ventil, das die Differentialsperre betätigt. Eine einmal erfolgte Sperrung bleibt auch aufrechterhalten, wenn das Fahrzeug anschließend zum Stillstand kommt, so daß ein erneuter Anfahrversuch gleich mit Differentialsperre erfolgt. Das automatische Sperrdifferential ist nur bis zu einer mittleren Fahrgeschwindigkeit wirksam, um jeden Nachteil für das Fahrverhalten zu vermeiden.

Es ist zu erwarten, daß die in Entwicklung befindlichen Anfahrschlupfregelungen auch für Pkw einen vollwertigen Ersatz für eine Differentialsperre bringen werden.

Differentialgetriebe

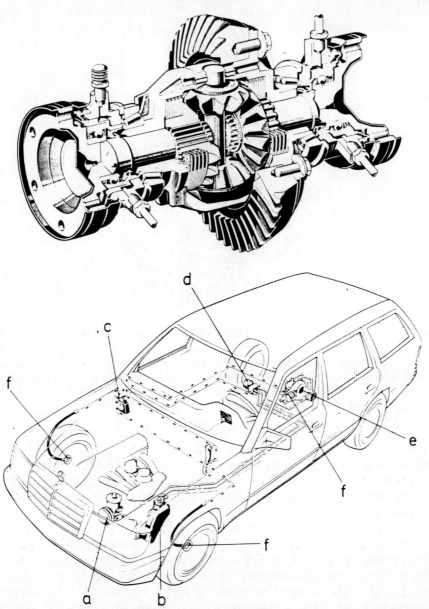

Bild 148: Automatisches Sperrdifferential Mercedes-Benz ASD   Daimler-Benz

Bild 148a: oben: Hinterachsgetriebe mit öldruckbetätigter Differentialsperre, Querschnitt

Bild 148b: unten: Automatisches Sperrdifferential, Gesamtsystem und Anordnung im Fahrzeug
a Ölpumpe, b Öltank, c Elektronikeinheit, d Hochdruckspeicher und Magnetventil, e Hinterachsgetriebe mit öldruckbetätigter Differentialsperre, f Drehzahlsensoren.

10 Wellen und Gelenke

In der Regel sind Motor, Getriebe, Achsgetriebe und Antriebsräder nicht unmittelbar zusammengebaut, sondern zumindest zwischen einigen dieser Komponenten der Kraftübertragung müssen die Drehmomente über Zwischenwellen übertragen werden, **Bilder 6** und **124**. Soweit die Achsen nicht in einer Flucht liegen, müssen die Wellen durch Gelenke verbunden werden. Fast immer muß für durch Toleranzen, Elastizitäten oder auch kinematisch bedingte Änderungen des Längsabstandes zwischen den Elementen ein Längsausgleich vorgesehen werden.

10.1 Wellen

Wellen sind nach dem durchgeleiteten Drehmoment, den auftretenden Biegemomenten und einem angemessenen Abstand von der kritischen Drehzahl zu dimensionieren **Bild 149**.
Wellen werden massiv oder als Rohr ausgebildet, Flansche oder andere Verbindungselemente sind entweder angeschweißt oder über Keilwellenverzahnungen aufgeschoben. In der Regel ist zumindest eine Keilwellenverzahnung zum Längenausgleich verschiebbar ausgebildet, um Toleranzen, die mehrere Millimeter betragen können, oder andere kinematisch bedingte Längenänderungen auszugleichen. In Sonderfällen, wenn eine besonders reibungsarme Längsverschiebung verlangt wird, sind Längsprofile mit Kugel- oder Rollenumlauf eingesetzt, **Bild 150**.

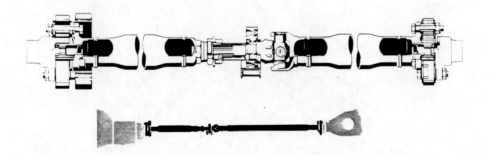

Bild 149a: Pkw-Gelenkwelle zwischen Schalt- und Achsgetriebe (Mercedes-Benz 190)
Unten Gesamtanordnung, oben Details   Daimler-Benz
Am Getriebeausgang drehelastische Kupplung. Rohrgelenkwelle geteilt, erstes Wellenteil hat vor Zwischenlager Keilwellen-Schiebeprofil zum Längenausgleich. Zwischenlager elastisch aufgehängt. Verbindung zwischen den beiden Wellenteilen durch Kreuzgelenk, Verbindung zwischen zweitem Wellenteil und Antriebsflansch des Achsgetriebes durch drehelastische Kupplung.

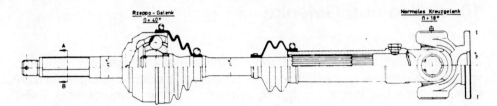

Bild 149b: Pkw-Gelenkwelle zwischen Achsgetriebe und Antriebsrad bei Frontantrieb.
nach Bussien
Neben dem Achsgetriebeausgang Kreuzgelenk und Keilwellenschiebeprofil für Längenausgleich. Neben den gelenkten Vorderrädern homokinetisches Gelenk mit großem Winkelbereich (Rzeppa).

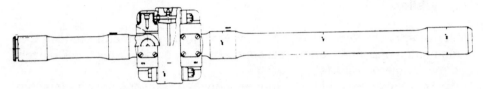

Bild 149c: Nkw-Gelenkwelle bei Allradantrieb   nach Bussien
Welle zwischen Achsgetriebe und Antriebsrad, Vorder-Starrachse. Doppelkreuzgelenk nahe dem gelenktem Rad.

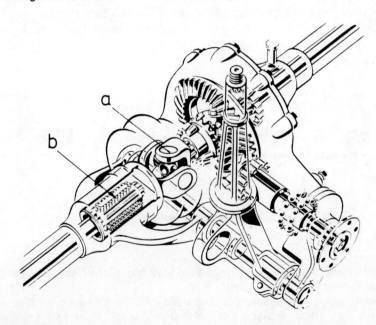

Bild 150: Pkw-Eingelenk-Pendel-Hinterachse — Hinterachsgetriebe mit Wellenanschlüssen. Nicht mehr in Produktion.   Daimler-Benz
a Kreuzgelenk, b Keilprofil mit Rollenumlauf für reibungsarme große Längsverschiebung

Wellengelenke 213

Die kritische Winkelgeschwindigkeit einer Welle beträgt theoretisch (D, d, l in [m])

Vollwelle

$$(\omega_k)_{th} = 1{,}28 \cdot 10^4 \cdot \frac{D}{l^2} \quad [rad/s] \tag{61}$$

Hohlwelle

$$(\omega_k)_{th} = 1{,}28 \cdot 10^4 \cdot \frac{\sqrt{D^2 + d^2}}{l^2} \quad [rad/s] \tag{62}$$

In der Praxis wird der theoretische Wert durch Spiele, Elastizitäten und Massen in den Anschlußteilen deutlich verringert.

$$(\omega_k)_{pr} \approx (0{,}6\text{—}0{,}85) \cdot (\omega_k)_{th}$$

Die höchsten im Betrieb auftretenden Winkelgeschwindigkeiten sollten immer mindestens 20 % unter der praktischen kritischen Drehzahl $(\omega_k)_{pr}$ bleiben. Sind die Abstände zwischen den Getrieben usw. groß, so sind Rohrwellen mit großem Durchmesser und/oder Zwischenlager nötig. Bewegungen und Kräfte, die auf die Wellen und ihre Lager wirken, werden stark von der räumlichen Lage der zu verbindenden Elemente und der Art der verwendeten Gelenke bestimmt.

10.2 Wellengelenke

Aggregate und Wellen oder Wellen untereinander werden durch Kupplungen und Gelenke verbunden.

10.2.1 Gelenkscheiben

Liegen die Achsen der Ausgangs- und Eingangsseite der zu verbindenden Aggregate in einer Flucht oder weichen auch im Betrieb nicht mehr als ca. 2° von der Flucht ab, so können drehelastische Kupplungen eingesetzt werden, die gleichzeitig geräusch- und schwingungsdämpfend wirken, **Bild 151**.
In den meisten Einbaufällen aber fluchten die Achsen schon in der Konstruktionslage nicht und verändern ihre Zuordnung zueinander zusätzlich während des Betriebs, durch Einfederung der Achsen oder durch Lenkbewegung angetriebener Räder (Frontantrieb).

Gummielement

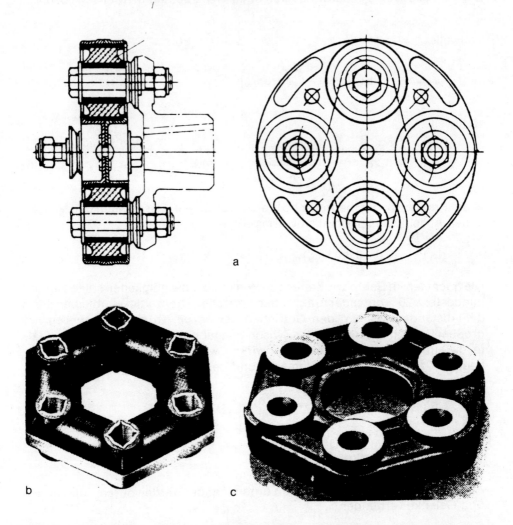

Bild 151: Drehelastische Kupplungen zur Verbindung von Wellen.   nach Bussien

Bild 151a: Layrub-Kupplung

Bild 151b: Giubo-Kupplung

Bild 151c: Hardy-Scheibe

Wellengelenke 215

In allen diesen Fällen müssen Gelenke verwendet werden, die größere Winkelabweichungen zulassen.

10.2.2 Kreuzgelenk

Die klassische Drehverbindung zwischen zwei Wellen, deren Achsen miteinander einen Winkel bilden, ist das Kardan- oder Kreuzgelenk, **Bild 152**.

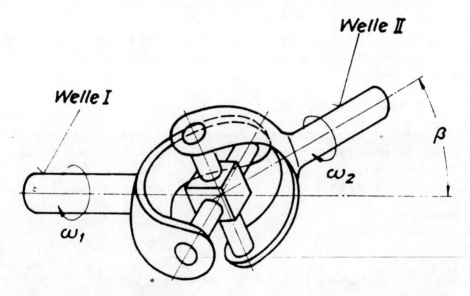

Bild 152: Kreuzgelenk — Prinzip   nach Bussien
ω_1 Winkelgeschwindigkeit der Welle 1, ω_2 Winkelgeschwindigkeit der Welle 2,
β Beugungswinkel. Wenn $\beta \neq 0°$, dann läuft die Welle II ungleichförmig.

Die Wellenenden besitzen Gabeln mit Augen zur Aufnahme des Gelenkkreuzes. Die Weiterleitung der Drehung erfolgt nicht gleichmäßig, sondern periodisch nach der Beziehung

$$\omega_2 = \frac{\cos\beta}{1 - \sin^2\varphi_1 \cdot \sin^2\beta} \cdot \omega_1 \tag{63}$$

mit dem Maximalwert

$$(\omega_2)_{max} = \omega_1 \cdot \frac{1}{\cos\beta}$$

und dem Minimalwert

$$(\omega_2)_{min} = \omega_1 \cdot \cos\beta$$

Dann ist der Ungleichförmigkeitsgrad, **Bild 153**

$$U = \frac{(\omega_2)_{max} - (\omega_2)_{min}}{\omega_1} = \frac{1}{\cos\beta} - \cos\beta = \tan\beta \cdot \sin\beta$$

Liegt die Beugung der Wellenachsen nicht in einer Ebene, so muß der resultierende Winkel β_r aus den vertikalen und horizontalen Anteilen, β_v und β_h, errechnet werden.

$$\tan\beta_r = \sqrt{\tan^2\beta_h + \tan^2\beta_v + \tan^2\beta_h \cdot \tan^2\beta_v}$$

Da die Leistung der Welle 1 voll auf die Welle übertragen werden muß (verlustfrei), ergeben sich aus der ungleichförmigen Winkelgeschwindigkeit der Welle 2 gemäß

$$P_1 = M_1 \cdot \omega_1 = M_2 \cdot \omega_2 = P_2$$

entsprechend periodische Drehmomentschwankungen, denen sich bei Massen behafteten Wellen noch dynamische Zusatzdrehmomente gemäß

$$M_{dyn} = J_2 \cdot \dot{\omega}_2 \; [Nm]$$

überlagern.

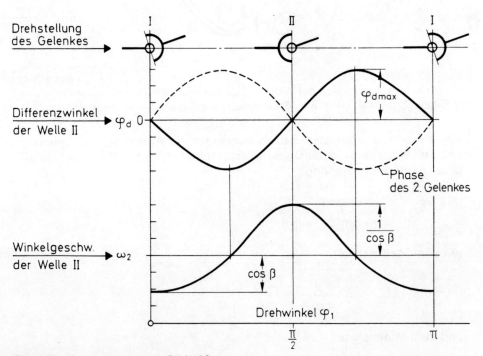

Bild 153: Kreuzgelenk nach Bild 152
Differenzwinkel φ_d und Winkelgeschwindigkeit ω_2 der Ausgangsseite über Drehwinkel der Eingangsseite φ_1

Wellengelenke

Aus allen diesen Gründen sollen die Winkel zwischen den Achsen der zwei Wellen möglichst klein sein und bei stationären Lagen 10° nicht überschreiten. Größere Winkel dürfen nur sporadisch als Folge von großen Einfederungen oder großem Einschlagwinkel gelenkter Räder bei Frontantrieb akzeptiert werden.

Die Richtungsänderung der wirkenden Drehmomente in gebeugten Gelenken erfordert immer Stützmomente, die nur über die Wellenlager aufgebracht werden können.

Die Ungleichförmigkeit der Kraftübertragung, die durch ein Kardangelenk hervorgerufen wird, kann durch ein 2. Kardangelenk, das in „Z"- oder „W"-Konfiguration angeordnet ist, für die Anschlußwelle 3, nicht aber für die Zwischenwelle 2, eliminiert werden, **Bild 154**.

Die Rückgewinnung der Gleichförmigkeit gelingt nur, wenn

— die Wellen 1, 2, 3 in einer Ebene liegen,
— die Gelenkgabeln der Welle 2 in einer Ebene liegen,
— die Winkel zwischen den Wellen 1 und 2 bzw. Wellen 2 und 3 gleich sind.

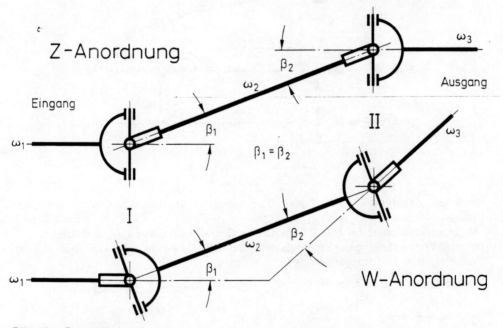

Bild 154: Doppelgelenkwellen
Ausgleich der ungleichförmigen Bewegung bei gebeugten Kreuzgelenken durch zwei Gelenke mit gleichem Beugungswinkel $\beta_1 = \beta_2$. Die Zwischenwelle „2" läuft ungleichförmig. ω Winkelgeschwindigkeit, β Beugungswinkel,
Indizes 1, 2, 3 Eingangs-, Zwischen- und Ausgangswelle.

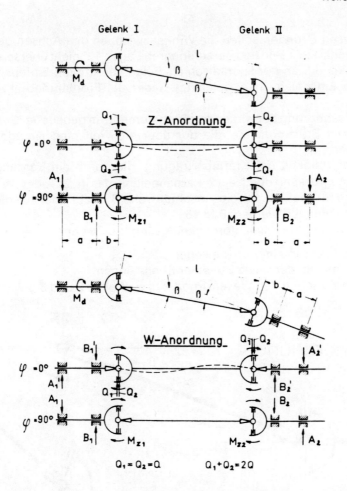

Bild 155: Lagerkräfte durch Zusatz-Biegemomente an Gelenkwellen mit Kreuzgelenken nach Bussien
M_d Eingangsdrehmoment, A, B Lagerkräfte, Q Kräfte am Gelenk, M_z Zusatzbiegemoment, φ Winkelstellung der Eingangswelle, β Beugungswinkel, a, b, l Abstände, Indizes 1, 2 Eingangs- und Ausgangsseite.

Z-Anordnung und W-Anordnung

$$A_1 = A_2 = B_1 = B_2 = \frac{M_d \cdot \tan \beta}{a}$$

bei W-Anordnung zusätzlich

$$A_1' = A_2' = \frac{2 M_d \cdot b \cdot \sin \beta}{l \cdot a}$$

$$B_1' = B_2' = \frac{2 M_d \cdot (a + b) \cdot \sin \beta}{l \cdot a}$$

Wellengelenke 219

Ungünstige Verhältnisse (große Länge der Wellen, große Beugungswinkel der Gelenke und große Drehmomente) können zu kritischen Biegeschwingungen in der Gelenkwelle führen, **Bild 155**.
Die konstruktive Ausführung der Kardangelenke ist den **Bildern 152** und **156** zu entnehmen. Wegen der schwierigen Schmierungsverhältnisse ist das Gelenkkreuz in den Augen der Gelenkgabeln meist wälz-(nadel-)gelagert mit Fettfüllung und Dichtung.

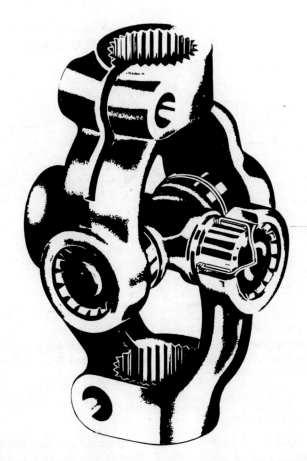

Bild 156: Kreuzgelenk ZF Typ 7026　　　　　　　　Zahnradfabrik Friedrichshafen
Die Zapfen des Gelenkkreuzes sind über dauernd geschmierte Nadelhülsen in den Gabelaugen gelagert.

10.3 Gleichlauf- (homokinetische) Gelenke

Für viele Einsatzfälle kann die ungleichförmige Übertragungscharakteristik des einfachen Kreuzgelenks nicht befriedigen, z. B. bei Gelenken in frontgetriebenen Kraftfahrzeugen, wo die Beugungswinkel von der Lenkfunktion her groß sein müssen.
In diesen Fällen werden Gleichlauf-Gelenke eingesetzt, deren gemeinsames Merkmal die Übertragung der Kräfte in der Winkelhalbierenden der Wellenachsen ist, **Bild 157**.

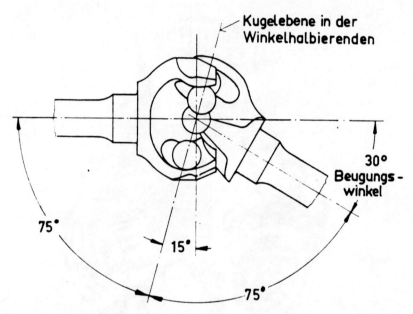

Bild 157: Gleichlaufgelenk (Weiß-Bendix) nach Bussien
Gleichlauf ist immer dann gegeben, wenn die Kraftübertragung von der Eingangs- zur Ausgangswelle in der Ebene der Winkelhalbierenden des Beugungswinkels erfolgt.

10.3.1 Doppelkreuzgelenk

Werden 2 Kreuzgelenke sehr dicht zusammengebaut, so daß die beiden Gabeln der Zwischenwelle aneinanderstoßen, so entsteht das Doppelkreuzgelenk, das z. B. bei den Lenkachsen von allradgetriebenen Lkw gerne verwendet wird, **Bild 158**.

Vorteil: Große Winkel und hohe Übertragungsfähigkeit,
Nachteil: Relativ große Bauvolumen und Masse.

Da die Gabelenden des Gelenks in der Beugelage auseinanderrücken, muß eine der Wellen axial beweglich sein. Da die Beugung im allgemeinen um einen

Gleichlauf- (homokinetische) Gelenke

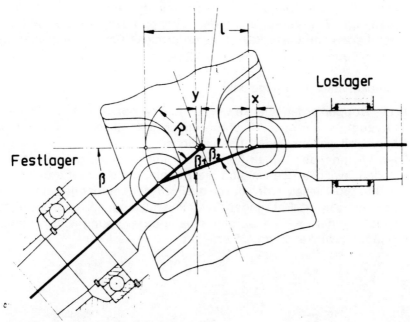

Bild 158: Doppel-Kreuzgelenk — Prinzip nach Bussien
β Beugungswinkel zwischen Eingangs- und Ausgangsachse, R Koppel zwischen Gelenkkörper und Eingangswelle, l Abstand der beiden Gelenkkreuze in gestreckter Lage $\beta = 0°$, x Verschiebung des rechten Gelenkkreuzes bei Beugungswinkel, y Abstand des Anlenkpunktes der Koppel von der Symmetrieebene zur Reduzierung der Restungleichförmigkeit.

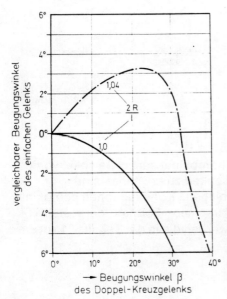

Bild 159: Restungleichförmigkeit von Doppel-Kreuzgelenken wie Bild 158
in Anlehnung an Bussien
$2R/l = 1$ entspricht der Anlenkung der Koppel in der Symmetrieebene, bei dem Wert 1,04 ist der Anlenkpunkt um y = 4 % nach rechts verschoben. Damit kann z. B. die Ungleichförmigkeit des Doppel-Kreuzgelenks bis zu einem Beugungswinkel von $\beta = 35°$ unter der gehalten werden, die ein einfaches Kreuzgelenk bei 3,5° hat.

festen Drehpunkt erfolgt, bleibt eine Restungleichförmigkeit, die vom Verhältnis R/l abhängt. Ein Verschieben des Drehpunktes aus der Mitte der gestreckten Lage kann diese Restungleichförmigkeit auch bei großen Beugungswinkeln begrenzen, **Bild 159** (s. S. 221).

10.3.2 Homokinetische Kugelgelenke

Anstelle der Doppelkardangelenke werden in Pkw homokinetische Kugelgelenke bevorzugt, weil ihre Ungleichförmigkeit theoretisch zu Null gemacht werden kann und weil ihr Bauvolumen klein ist.

Die beiden Wellenenden tragen Formkörper mit räumlich gekrümmten Kugellaufbahnen, zwischen denen sich die Kugeln, die die Kräfte übertragen, bewegen, **Bild 160**. Diese werden durch die Form der Laufbahnen auf der Winkelhalbierenden geführt. Bei einigen Gelenken mit einer größeren Zahl arbeitender Kugeln sichern Käfige die gleichmäßige Bewegung aller Kugeln. Es werden Beugungswinkel bis zu 45° erreicht.

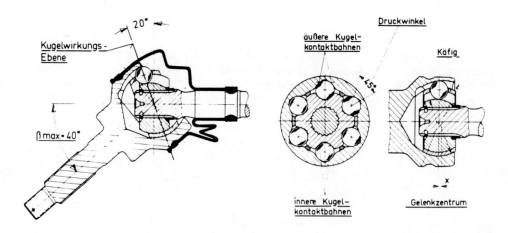

Bild 160: Gleichlaufgelenk (Rzeppa-Birfield) nach Bussien

Es gibt außerordentlich viele Formen der homokinetischen Gelenke, von denen noch besonders die mit Längsbeweglichkeit zu erwähnen sind.

In den **Bildern 161** bis **163** sind für 3 verschiedene Konstruktionen homokinetischer Gelenke jeweils die „Fest-" und „Verschiebe-Formen" dargestellt.

Für Beugungswinkel und Verschiebeweg werden die in der **Tabelle 11** zusammengestellten Werte angegeben.

Gleichlauf- (homokinetische) Gelenke

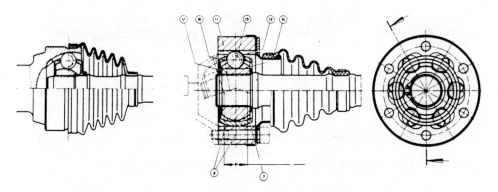

Bild 161a: Gleichlaufgelenk Löbro, Sechskugel-Festgelenk (links)

Uni-Cardan

Bild 161b: Gleichlaufgelenk Löbro, Sechskugel-Verschiebegelenk (rechts)
7 Kugelinnenring, 8 Käfigführung, 11 Kugelaußenring, 12 Kugelposition bei extremer Verstellung, 13 Kugellaufbahn außen, 14 Kugellaufbahn innen, 15 Kugel, 16 Kugelkäfig, v maximaler Verschiebeweg

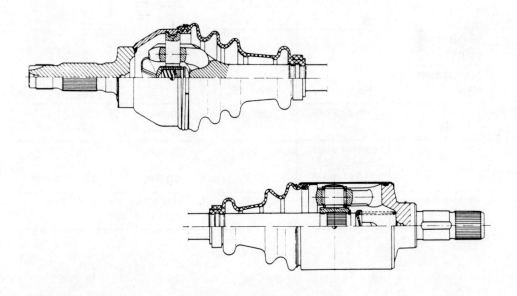

Bild 162a: Gleichlaufgelenk Tripode, Festgelenk GE (links)

Uni-Cardan

Bild 162b: Gleichlaufgelenk Tripode, Verschiebegelenk GI (rechts)

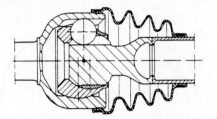 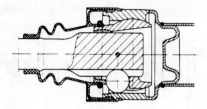

Bild 163a: Gleichlaufgelenk DOS, Fünfkugel-Festgelenk (links)

Uni-Cardan

Bild 163b: Gleichlaufgelenk DOS, Fünfkugel-Verschiebegelenk (rechts)

Tabelle 11: Beugungswinkel und Verschiebeweg von angetriebenen Wellen nach SAE 780098

		Beugungswinkel		Verschiebeweg
Frontantrieb Pkw	Radgelenk	42°—45°		0
	Innengelenk	20°		20—40 mm
	Gelenkwelle	5° 18°	dauernd maximal	0
Hinterachse getrieben		20°	maximal	25—50 mm
Frontantrieb Nkw	Radgelenk	40°—48°		0
	Innengelenk	5°—6° 18°	dauernd maximal	30—50 mm
	Gelenkwelle (n_{max} = 3500 1/min)	10° 20°	dauernd maximal	80—110 mm
Hinterachse getrieben		8° 15°	dauernd maximal	80 mm

10.4 Zur Dimensionierung der Übertragungselemente

Bei der Gestaltung von Wellen und Gelenken müssen die im praktischen Einsatz auftretenden dynamischen Bewegungen der oft weit auseinander liegenden Baugruppen, die verbunden werden sollen, sorgfältig analysiert werden, da die daraus resultierenden Beanspruchungen die Anforderungen ebenso bestimmen, wie die Leistungen, die übertragen werden sollen. Einbautoleranzen, Bewegungen in elastischen Aufhängungen, Lageveränderungen und Verdrehungen als Folge von Verwindungen und Wärmedehnungen überlagern sich den geplanten Lageveränderungen durch Einfederung, Lenkeinschlag u. ä. Nur wenn jeder zusätzliche Zwang vermieden oder berücksichtigt wird, können die Übertragungselemente den sehr wechselnden Betriebsbeanspruchungen in Zug und Schub für die verlangte Lebensdauer widerstehen und diese nähert sich bei Nkw für die gesamte Kraftübertragung heute einer Laufstrecke von 1 Mio. km.

Wie bei den Getrieben müssen der Dimensionierung der Übertragungselemente die maximal auftretenden Drehmomente im 1. oder Rückwärtsgang, entweder vom maximalen Motordrehmoment oder von der Haftgrenze der Reifen auf der Straße bestimmt, zugrundegelegt werden. Nur die Transportaufgabe und die ihr entsprechenden Lastkollektive lassen entscheiden, ob bei den Extrembeanspruchungen auf Dauer- oder auf Zeitfestigkeit dimensioniert werden muß. Für Zeitfestigkeitsrechnungen müssen die statistisch ermittelten Beanspruchungshöhen und Häufigkeiten in den einzelnen Gängen bekannt sein. Als Richtwerte können die zur Dimensionierung der Schaltgetriebe angegebenen verwendet werden. Es muß aber beachtet werden, daß die Übertragungselemente in der Regel immer, auch im direkten Gang, beansprucht sind (Ausnahme: Abschaltbarer Front- oder Heckantrieb).

Literatur

Grundlagen Fahrzeugtechnik

Bussien (Hrsg.: Goldbeck, G.): Automobiltechnisches Handbuch. 18. Auflage. 1. und 2. Band. Berlin: Cram 1965
Bussien (Hrsg.: Goldbeck, G.): Automobiltechnisches Handbuch. Ergänzungsband zur 18. Auflage. Berlin, New York: de Gruyter 1979
Bosch, Kraftfahrtechnisches Taschenbuch. 19. Auflage. Düsseldorf: VDI-Verlag 1984
Mitschke, M.: Dynamik der Kraftfahrzeuge, Band A: Antrieb und Bremsung. Berlin, Heidelberg, New York: Springer 1982

Maschinenelemente, allgemein

Dubbel, Taschenbuch für den Maschinenbau, 15. Auflage, Berlin: Springer 1983
Niemann, G., Hirt, M.: Maschinenelemente. Bd. 1: Konstruktion und Berechnung von Verbindungen, Lagern, Wellen. 2. neubearb. Aufl. Berlin: Springer 1981
Niemann, G., Winter, H.: Maschinenelemente. Bd. 2: Getriebe allgemein, Zahnradgetriebe, Grundlagen, Stirnradgetriebe. 2. völlig neubearb. Aufl. Berlin: Springer 1983
Niemann, G.; Winter, H.: Maschinenelemente. Bd. 3: Schraubrad-, Kegelrad-, Schnecken-, Ketten-, Riemen-, Reibradgetriebe, Kupplungen, Bremsen, Freiläufe. 2. völlig neubearb. Aufl. Berlin: Springer 1983

Wälzlager

Eschmann, P., Hasbargen, L., Weigand, K.: Die Wälzlagerpraxis. Handbuch für die Berechnung und Gestaltung von Lagerungen. 2. Aufl. München: Oldenbourg 1978
Hampp, W.: Wälzlagerungen. Berechnung und Gestaltung. Bericht. Neudruck. Berlin: Springer 1971. (Konstruktionsbücher. Bd. 23)

Mechanische Getriebe, allgemein

Reitor, G., Hohmann, K.: Konstruieren von Getrieben. 2. Aufl. Essen: Girardet 1976
Looman, J.: Zahnradgetriebe. Berlin: Springer 1970. (Konstruktionsbücher. Bd. 26)
Müller, H. W.: Die Umlaufgetriebe. Berechnung, Anwendung, Auslegung. Berlin: Springer 1971
Widmer, E.: Das Berechnen von Zahnrädern und Getriebe-Verzahnungen. Stuttgart: Birkhäuser 1981
Zimmer, H.-W.: Verzahnungen. Teil 1: Stirnräder mit geraden und schrägen Zähnen. 6. Aufl. Berlin: Springer 1968. (Werkstattbücher. H. 125)
Otto, H.: Achsantriebe für Personenkraftwagen. In: Bussien. s. o. 2. Band, S. 407—433.
Sautter, W.: Achsantriebe für Lastkraftwagen. In: Bussien. s. o. 2. Band, S. 434—478.

Mechanische Kupplungen, allgemein

Dittrich, O., Schumann, R.: Anwendungen der Antriebstechnik. Bd. 2: Kupplungen. Mainz: Krausskopf 1974. (Taschenbücher Antriebstechnik. Bd. 2)
Duditza, F.: Kardangelenkgetriebe und ihre Anwendungen. Düsseldorf: VDI-Verl. 1973
Reinecke, W.: Gelenkwellen. In: Bussien. s. o. 2. Band. S. 389—406.
Universal Joint and Driveshaft Design Manual. Warrendale, PA: SAE 1979. (Advances in Engineering Series. No. 7)

Sachwortverzeichnis

Abgasdrossel 84
Abrollänge 178
Achsabstand **92 f**, 192
Achsversetzung 93 f, 190
Achsgetriebe 29 f, **138 ff**, **178 ff**, **187 ff**
—, Einstufen- **179 f**
—, Mehrstufen- **181 ff**
—, schaltbar **185 ff**
Achsschub 94 f, 109, 208
Äthanol 18
Allradantrieb 31, **55**, **151 ff**, 212
—, permanenter 151, 194
Anfahrhilfe 38
Anfahrreserve 84
Anfahrverlustarbeit 35 ff
Anfahrschlupfregelung 209
Anfahrvorgang 33 ff, 40, 51, 55
Anhängerbetrieb **59 ff**
Anhängelast, höchste 69
Anpreßfeder 40 ff
Anpreßkraft 30 f, 42
Antiblockiersystem 209
Antriebskonstante 148, 156, 163 f
Arbeitsbereich 23 ff
Arbeitskraft 29
Arbeitsmaschine 17
Arbeitsvermögen, spezifisches 18 f
Aufladung 76
Ausgleichsgetriebe 182 f, **197 ff**, **203 ff**
—, selbstsperrendes 204 f
—, schlupfbegrenztes 203 ff
—, s. a. Differentialgetriebe
Ausrückhebel 42 ff
Ausrückkraft 42, 44
Ausrücklager 40 ff
Ausrückzylinder 41 ff

Belastungskollektive 92, 97, 225
Benzin 18
Berggang 158 f
Beschleunigung 52 f, 60 f, 82, 125
—, maximale 53 f, **55 f**, 58
Beschleunigungsreserve 62 ff, 84
Beschleunigungswiderstand 22
Betriebsbereich 25 f

Betriebszeit 62
Beugungswinkel 215 ff
Bleibatterie 18, 19
Blockbauweise **138 ff**, 151, 182
Borg-Warner-Sperrsynchronisierung 112 ff, 131
Bremsen 22, 28 f
Bremsverluste 28
Brennstoffzelle 19

Cardanische Formel 61
Crawler, s. Kriechgang

Dampfmotor 20 f, 25 f
Dauerfestigkeit 92, 98 f, 225
deaxiale Bauweise **86**, 124
Deichselzugkraft 59 f
Dieselmotor 19 ff, 66 f, 76
Dieselöl 18
Differentialgetriebe 89 f, 142 f, 181 ff, 191 ff, **197 ff**,
—, Kegelrad- 192, **197 f**, 206
—, Stirnrad- 197 f
—, Verteiler- 151, 188
Differentialsperre 188 f, 191 ff, 197, **199 ff**
—, automatische 209 f
—, mechanische 201, 208
—, Radial- 205
—, Schneckenrad- 207
—, Torsen- 204
Dimensionierung **92 ff**, 180, **225**
Direkteinspritzung 66 f, 76
Doppelgelenkwelle 217
Doppelkonusring 115
Doppelkonussynchronisierung **115**
Doppelkreuzgelenk **220 ff**
Drehmoment **20 ff**, 33, 204
—, Motor- 28 ff, 44, 66
—, Pumpen- 49
—, Rest- 49
—, Rutsch- 32
—, Schalt- 124
—, steuerbares 30, 32
—, Synchronisierung- 112 ff, 116, 122, 124
—, Turbinen- 49 ff

—, verfügbares 22
—, Vollast- 20 f
—, dynamisches Zusatz- 216
Drehmomentanteil 101
Drehmomentbedarf 23 f
Drehmomentsummenhäufigkeit 92
Drehmomentüberhöhung 69
Drehmomentverhältnis **48 f**, 75, 90
Drehmomentverteilung 89, 151 f, 190 ff, 197
Drehmomentwandler **52 ff**, 73
Drehmomentwandlung 26, 73, 109
Drehrichtungsumkehr 26
Drehzahl
—, Differenz- 32
—, Mindest- 20 f
—, kritische 211
—, Leerlauf- 20 f, 32
—, Maximal- 20 f
—, Pumpen- 51
Drehzahlangleichung 141
Drehzahlregelung 111
Drehzahlschlupf 23, 34, 76
Drehzahlverhältnis 49, **90 f**
Drehzahlwandler 30, **32 ff**, **38 ff**, 111
Druckentlastung 42 f
Drucklager 42
Druckplatte 40 ff, 143

Einachsantrieb **56 ff**
Eingriffsfaktor 105
Eingriffsteilung 95
Eingriffswinkel 95
Elastizität 76 f
Elektromotor 18, 69, 72
Endgeschwindigkeit 63
Energie, transportable **17 ff**
Energiedichte 17 f
Energiewandler **19 ff**, 22, **25 ff**

Fahrgeschwindigkeit 22 ff, 60
Fahrgleichung **28 ff**, 125
Fahrstreckenanteil 101 f
Fahrwiderstand **22 ff**, 28 ff, 35, 55, 63 f, 83 ff, 125
Fahrwiderstandskraft 22
Fahrwiderstandsleistung 23, 61 f, 63 f
Fahrzeuggetriebe **92 ff**, **128 ff**, **174 ff**
Flankenpressung 96
Flankentragfähigkeit **99**
Flüssiggas 18

Föttinger-Wandler 38, **48 ff**
Freilauf 49, 51
Frontantrieb **31**, 56 ff, 138, 190, 194, 212, 220, 224
Fußkreis 95

Gang, direkter **86**, 142 ff
Ganganteil 102
Ganganzahl **76 ff**, 154, 163
Gangsprung 76, 124
Gabelauge 219
Gangverriegelung 120
Gangwechsel 107, 124 f
Gassenwahl 119
Gasturbine 20 f
—, Einwellen- 20 f, 25 f
—, Zweiwellen- 20 f, 25 f
Geländebereich 185, 194 ff
Gelenk **211 ff**, 30 f
—, Gleichlauf- **220 ff**
—, homokinetisches 212, **220 ff**
Gelenkgabel 217
Gelenkscheibe **213 ff**
Gelenkwelle 211 f, 218
Geradverzahnung 94 f, 97
Geräuschverminderung 95
Getriebe **52 ff**
—, Achtgang **164 ff**, 193
—, Achtzehngang- 173
—, Allklauen- 107 f, 111, 148 f
—, Allzweckfahrzeug- 174 f
—, automatische 48, 89, 173
—, Dreigang- 81, **128 ff**
—, Dreiwellen- 141, 150
—, Fünfgang- 93, 118, **133 ff**, **146 ff**, **148 ff**, **156 ff**, 181
—, Haupt- 87 ff
—, Kegel- 179, 182 ff
—, Ketten- 192
—, Neungang- **166 ff**
—, Schnecken- 179
—, Sechsgang- **158 ff**, 171, 176
—, Sechszehngang- 173 f
—, Siebengang- **158 ff**
—, Strömungs- 48 ff
—, stufenlose 73
—, Synchron- 159 f
—, Viergang- **131 ff**, **138 ff**, **141 ff**, **154 f**, 165, 172
—, Zehngang- 166 ff, 173

Sachwortverzeichnis

—, Zwölfgang- 171
—, s. a. Achsgetriebe
—, s. a. Differential
—, s. a. Fahrzeug-
—, s. a. Föttinger-Wandler
—, s. a. Gruppen-
—, s. a. Nkw-
—, s. a. Pkw-
—, s. a. Planeten-
—, s. a. Schalt-
—, s. a. Verteiler-
—, s. a. Vorgelege-
Getriebebauart **85 ff**
Getriebebremse 107 f, 121
Getriebefernbedienung 119 f
Getriebegehäuse 131 ff, 144, 146
Getriebestufung 79 f
Getriebeverluste **104 ff**
Getriebewandlung 37
Gleichlaufkörper 116
Gleitstein 204 f
Grundkreis 95 ff
Gruppengetriebe,
—, Drei- 84, **88 ff, 171 ff**
—, Ein- 86, **154 ff**
—, Mehr- 86
—, Vier- 174
—, Zwei- 87 f, 148 ff, **163 ff**, 193
Gürtelreifen 178

Haftbeiwert 58
Haftgrenze 52 ff, 56 ff
Hardy-Scheibe 214
Heckantrieb **31**, 56 ff, 138, 224
Heckmotor 58, 156, 182
Hilfsaggregat 28 f
Hohlrad, s. Planetengetriebe
Höchstgeschwindigkeit **63 f**, 84
—, zulässige 66

Kennfeld
—, Fahr- 24, 27, **82 ff**
—, Motor- 27, 63 f, 67 f, 85
Kennfeldlücke 76 f
Kennlinie
—, Motorvollast- 63 f, 76 f
—, Minimalverbrauchs- 64
Koaxiale Bauweise **86**, 92, 128
Kommandohebel 121
Konusbremse 134 f

Konuswinkel 113 f, 115, 117
Kopfkreis 95 ff
Koppel 119, 221
Kraftmaschine 17 ff, 25 f
Kraftschluß 54
Kraftstoff 17, 18, 19
Kraftstoffverbrauch 62 ff, 79, 84
Kraftübertragung 17, 22, **28 ff**
—, Elemente, Aufgaben **30 ff**
Kreiselpumpe 48
Kreuzgelenk 211 f, **215 ff**
Kriechgang 55, 60, 81, 167 f
Kriechgeschwindigkeit 175
Kugelgelenk, homokinetisches **222 ff**
Kugellager 100 f, 145
Kupplung **32 ff**, 141 f
—, Anfahr- **38 ff**, 107, 176
—, Doppel- 45
—, drehelastische 211, 213 f
—, elektrodynamische 38
—, Elektromagnet- 38
—, Guibo- 214
—, hydraulische
—, hydrodynamische 38
—, hydrostatische 38
—, Konus- 116 f, 133 ff, 201
—, Klauen- 93 ff, **128 ff**, 187 f, 201
—, Lamellen- 176, 208 f
—, Layrub- 214
—, Magnetpulver- 38
—, Reibungs- **38 ff**, 51
—, Schalt- 39 ff, 49, 51
—, Überbrückungs- 51
—, Viskose- **151 f**, 192, 204 f
Kupplungsgehäuse 141
Kupplungsglocke 40 ff, 131 f
Kupplungskörper 112, 117 ff
Kupplungsmoment 33 f, 38
Kupplungspedal 41
Kupplungsscheibe 40 ff, 108 f, 122 ff, 143
Kupplungsschlupf 60

Längsausgleich 211, 222
Längsmotor **138 ff, 146 ff**, 151
Lager **100 ff**
Lagerabstand 116, **134 ff**
Lagerberechnungsgleichung 103
Lebensdauer 96, 100 f, **102 ff**, 225
Lebensdauerstrecke 103
Leichtmetall 131 f, 93

Leistung
—, Eck- 69
—, effektive 70
—, Fahr- 29, 71 f
—, Höhen- 70
—, indizierte 70
—, maximale 20 f, 23, 61
—, Motorschlepp- 70, 84
—, Pumpen- 49
—, Reib- 40
—, spezifische 66 ff, **69**, 84
—, Überschuß- 63, 81, 83
—, verfügbare 26 f
Leistungsbedarf 20, 22
Leistungsverlust 70
Leitrad s. Föttinger-Wandler
Lewisparabel 97
limited slip **203 ff**
Lösewinkel 114, 117
low and fast 171 ff
Luftdichte 69
Luftwiderstand 22 ff, 34, 52, 125
Leistungszahl 48

Masse, rotierende **22**, 54, 56
Maximalgeschwindigkeit 25, 30, **61 f**
Membranfeder 41 ff
Mercedes-Benz-Sperrsynchronisierung **116 f**, 131 f
Methanol 18
Mitnehmerscheibe 41 ff
Mittelantrieb 31, 138
Mittelmotor 151 f, 182
Mittelwelle 89
Modul 75, 94
Motor 31, 144 ff
Motorbremse 27, 84
Multiplikationsgang 163

Nabe 41
Nachschaltgruppe **87 ff**, **163 ff**, 172, 193 f
Nadellager 100 f, 145
Nebenantrieb 45 ff, 157, **176 f**
Niveauregulierung 209
Nkw-Getriebe **154 ff**

Ölkreislauf 51
Ölpumpe 51
Ottomotor 19 ff, 76
Overdrive 81, 134 f

Peugeot-Sperrsynchronisierung 133
Pkw-Getriebe **126 ff**, **151 ff**
Planetengetriebe **89 ff**, 94, 134 f, 170 f, 181 ff, 196 ff
—, Stirnrad- 191 f, 199
Planetenräder, s. Planetengetriebe
Planetensatz, s. Planetengetriebe
Planetenträger, s. Planetengetriebe
Planschverluste 104 f, 109, 122
Porsche-Sperrsynchronisierung **117 f**
Pressung
—, Hertzsche 99
—, spezifische 40
Progressionsgrad 78
Profildurchmesser 49
Profilüberdeckung 94 f, 97
Profilverschiebung 94, **95 ff**
Pumpenrad 48 ff

Quermotor **141 ff**, **148 ff**, 151, 180

Radius der Antriebsräder **23 ff**, 28, 178
Reaktor 48
Reibarbeit 40
Reibbelag 40, 115
Reibung, Coulombsche 38
Reibungsverluste 122
Reibungswinkel 114, 117
Reibwert **38**, 53, 114 f, 199 ff
Reifen 52 f
—, s. a. Gürtelreifen
Resthaftung 56
Restreibung 40, 124
Restungleichförmigkeit 221 f
Retarder 28, 51
Ritzel 156, 180 f
Rollenlager 100 f
Rollradius, dynamischer 178, 197
Rollwiderstand 22, 35, 125
Rollwiderstandsbeiwert 23
Rückwärtsgang **82**, 109, 131, 167 ff
Rutschmoment 32

Schaltachse 29 f, 185 ff
Schaltelement 87
Schaltempfehlung 173
Schalten
—, Hoch- 107, 21, 124, 126
—, Rück- 108, 21, 124

Sachwortverzeichnis 231

Schaltgabel 111 f, 117 f
Schaltgetriebe 85 f, **73 ff**, 107, **138 ff**
Schalthilfe 120 f, 173
Schaltmittel **107 ff**
Schaltmuffe 94, 115 ff, 128 ff
Schaltfinger 118 f
Schalthebel 118 f, 148 ff
Schaltschiene 118 f
Schaltstange 131
Schaltung 125 ff
—, elektronisch-pneumatische 121 f
—, Fingertip-Servo- 122
—, H- 119
—, Klauen- **109 ff**
Schaltvorrichtung **118 ff**
Schaltzähne 114
Schaltzeit 107, **122 ff**
Scherkraft 204
Schiebezahnräder **109 f**, 128 ff, 138, 160 f
Schlupf 26 f, 32, **52 ff**, 178
—, automatisch begrenzter **203 ff**
—, Zwangs- 190, 197 ff
Schlupfwärme 35
Schlupfzeit 34
Schnellgang 79, **82**, **158 ff**
Schnellgangfaktor **62 ff**, 69, 79, 133 f
Schräglaufwinkel 53
Schraubenrad 204
Schraubenradtrieb 72
Schraubenradplanetenräder 204
Schubbetrieb **26 f**, 51
Schwerpunktslage 56
Schwungmasse 23, 34
Schwungrad 40 ff, 176
Selbsthemmung 114
Sonnenrad, s. Planetengetriebe
Spargang 81, 84
Speichersystem, transportables 18
Sperrbedingung 122 ff
Sperrbolzen 201 f
Sperrdifferential, s. Differentialsperre
Sperrsicherheit 114, 117
Sperrsynchronisierung **111 ff**, 128 ff
—, s. a. Borg-Warner-
—, s. a. Mercedes-Benz-
—, s. a. Peugeot-
—, s. a. Porsche-
Sperrzähne 112 ff
Splitter 87 f, 163 f, 170 f
Sprungüberdeckung 94 f

Standardantrieb **31**, **128 ff**, 137, 148, 180
Steg, s. Planetengetriebe
Steigfähigkeit 52 f, 69 ff, 82 ff, 199 f
—, Grenz- 36, 60, 70
—, maximale 53 f, **55 ff**, 84
—, Mindest- 60
Steigfähigkeitsreserve 63 ff, 84
Steigung **23**, 36
—, äquivalente 102
Steigungswiderstand 22, 35
Stellgröße 20
Stirlingmotor 20 ff, 25 f
Stirnrad 179 f
Strömungsbremse, s. Retarder
Stufung
—, enge 84
—, geometrische **76 ff**, 163, 166, 171
—, progressive **78 ff**, 158, 163, 171
Sturzwinkel 59
Synchronisierkraft 112
Synchronisierung
—, s. a. Sperr-
—, s. a. Doppelkonus-
Synchronisierungsgleichung 122
Synchronkörper 112
Synchronring 112 ff, 116 ff

Tachoantrieb 72, 133, 141, 149
Tandem-Achse 187 ff
Teilkreis 95, 124
Tellerfeder 42
Tellerrad 181
Trägheitsmoment, polares 44, 122 ff
Tragzahl 100
Transaxle 137
Treibachsbelastung 58 f
Triebstrang **17 ff**, 31 f, 151 ff
Trilok-Wandler 48 ff
Torsendifferential, s. Differentialsperre
Torsionsdämpfer 41
Turbine 48
Turbinenrad 48 ff

Überrollung, zulässige 100
Übersetzung **28 ff**, 80, 90 ff, 103, 122 f, 130 ff, 154 ff, 166 ff, 178, 180 ff
—, direkte 82, 88
—, diskrete 93
—, Drehzahl- 73 ff
—, erforderliche 76
—, feste 29, 73

—, Getriebe- 32
—, Hinterachs- 68
—, variable 29
Übersetzungsbereich 26, 68
Übertragungselement **225**
Umfangskraft 112
—, lösende 112
—, sperrende 112
Umfangsluft 111
Ungleichförmigkeitsgrad 215 f, 221
Unterflurmotor 31
Unterschnitt 96

Verbindungen, formschlüssige **109 ff**
Verbrennungsmotor 20 f, 25 ff, 73
Vergleichsspannung 97 f
Verluste 28 f, 32 ff, 51, 104
Verlustgrad 105 f
Verschiebeweg 222 ff
Verteilergetriebe 29 f, 151 ff, 188, **190 ff**
—, Eingang- **190 ff**
—, Zweigang- **194 ff**
Verzahnung **94 ff**
—, Außen-Außen- 105
—, Außen-Innen- 105
—, Evolventen- 94 ff, 106
—, Hypoid- 139, 179 f
—, Keil- 40 ff
—, Keilwellen- 211
—, Klauen- 109
—, Pfeil- 129
—, Schräg- 94 f, 97, 109
—, Spiral- 179 f
Vorgelegeachse 181
Vorgelegegetriebe **85 ff**, 92, 135, 194
Vorgelege-Schnellgang 135
Vorgelegewelle 104, 108, 122 ff, 126, 136, 176 f
Vorschaltgruppe **87 ff**, 121, **163 f**, 171

Wälzgeschwindigkeit 75
Wälzlager 100, 219
Wälzpunkt 75, 95
Wärme 33, 36
Wärmekraftmaschine 19 ff, 72
Wärmemenge 33
Wandler
—, hydronamischer, s. Föttinger-
—, stufenlose 73
—, Zweiphasen- s. Trilok-

—, s. a. Drehmoment-
—, s. a. Drehzahl-
—, s. a. Energie-
—, s. a. Trilok-
Wandlung 28 ff, 34 ff, 56
—, Grenzen der **52 ff**
—, größte 36, **52 ff**, **60 ff**
—, kleinste **61 ff**
Wandlungsbereich 27, 63, **68 ff**, 76 ff, 154, 159
Wasserstoff 18
Weganteil 102
Weibull-Kurve 100
Welle 30 f, **211 ff**
Wellengelenk **213 ff**
Winkelbeschleunigung 34
Winkelgeschwindigkeit **20**, 215 f
—, kritische 213
—, ungleichförmige 216
Winkelteilung 90
Wirkungsgrad **49 ff**, 73, 105 f
—, Motorbetriebs- 67 ff
—, Schlupf- 29
—, Übertragungs- 29, 62, 69 ff
Wirtschaftlichkeit 81 f
W-Konfiguration 217 f
Wöhlerkurve 98

Zähnezahl **75**, **90**, 95, 131, 138, 161, 165, 191, 197
Zahneingriffsverluste 104 ff
Zahnform 94
Zahnfußbeanspruchung 97
Zahnkette 179, 190
Zahnkraft 104
Zahnradgeräusche 95
Zahnschräge 94
Zahnüberdeckung 94
Zahnwälzverluste 105
Zeitfestigkeit 98, 225
Zentralwelle, s. Planetengetriebe
Z-Konfiguration 217 f
Zugentlastung 42 f
Zugkraft **24**, 27, 55
Zugkraftunterbrechung 107 ff, 123, **125 ff**
Zugkrafthyperbel 76 f, 81
Zwischengang **87**, 163
Zwischengas 108 ff
Zwischenkupp— 107 ff

Fahrverhalten von Gelenkbussen

Von F. Vlk
1987, 16 × 24 cm, 206 Seiten, geb., DM 88,-
(= Fahrzeugtechnische Schriftenreihe,
Hrsg.: Prof. Dr. Ing. M. Mitschke, Prof. Dr. Ing. F. Frederich)

Um im öffentlichen Nahverkehr Fahrgäste möglichst kostengünstig befördern zu können, werden zunehmend Gelenkbusse eingesetzt. Das Fahrverhalten von Gelenkbussen ist problematischer als das von Einzelkraftfahrzeugen, da gefährliche Bewegungen in Form von Pendelschwingungen des Nachläufers oder im Extremfall Schleudervorgänge mit anschließendem Ausbrechen des Gelenkbusses auftreten können. Veröffentlichungen über die Fahrdynamik dieser Fahrzeuge liegen bisher kaum vor. Der Autor hat deshalb das Fahrverhalten von Gelenkbussen ausführlich untersucht. Die in dem Buch dargestellten Ergebnisse sollen die Möglichkeiten der weiteren Verbesserung der Fahrsicherheit von Gelenkbussen aufzeigen.

Objektive Testverfahren für die Fahreigenschaften von Kraftfahrzeugen

Von K. Rompe, B. Heißing
1984, 16 × 24 cm, 160 Seiten, kart., DM 64,–
(= Fahrzeugtechnische Schriftenreihe,
Hrsg.: Prof. Dr. Ing. M. Mitschke, Prof. Dr. Ing. F. Frederich)

In Ergänzung zu dem traditionellen Mittel der Fahrwerksabstimmung, dem Fahrversuch mit einer subjektiven Fahrverhaltensbeurteilung, werden bei Forschungs- und Entwicklungsaufgaben zunehmend standardisierte Testverfahren angewendet und die Bewertungsmethoden objektiviert. Die wachsende Erfahrung in der Anwendung dieser Tests und ein sich ständig erweiternder Bewertungshintergrund bieten für die Entwicklungspraxis Rationalisierungsmöglichkeiten bei gleichzeitig verbesserter Aussagesicherheit. Um dem Versuchsingenieur einen zusammenfassenden Überblick über die bisher entwickelten Testverfahren und deren Anwendungsmöglichkeiten zu geben, werden anhand konkreter Anwendungsfälle die meßtechnischen Voraussetzungen, die Fahrmanöver, die Testbedingungen und die fahrdynamischen Kenngrößen zur objektiven Beurteilung des Fahrverhaltens beschrieben. Die Anwendungsbeispiele beziehen sich auf Pkw, Lkw und Fahrzeugzüge.

Die Radführungen der Straßenfahrzeuge
Analyse, Synthese und Elasto-Kinematik

Von W. Matschinsky
1987, 16 × 24 cm, 352 Seiten, geb., DM 130,–
(= Fahrzeugtechnische Schriftenreihe,
Hrsg.: Prof. Dr. Ing. M. Mitschke, Prof. Dr. Ing. F. Frederich)

Die Konstruktion der Rad- und Achsaufhängungen für schnelle Straßenfahrzeuge trägt den Anforderungen nach Fahrsicherheit und Fahrkomfort Rechnung, bei ihrer Auslegung sind fahrdynamische und schwingungstechnische Bedingungen zu erfüllen. Für Konstrukteure und Versuchsingenieure, die mit der Entwicklung moderner Radaufhängungen befaßt sind, werden die Grundlagen der räumlichen Geometrie und Kinematik, das Zusammenwirken von Radaufhängung, Federung und Dämpfung, die Mechanik des Brems- und Antriebsvorganges und der Kurvenfahrt sowie der Parameter und Gesetzmäßigkeiten der Lenkgeometrie behandelt. Eine wesentliche Rolle spielt dabei die Elasto-Kinematik, die Beherrschung und gezielte Anwendung der Verformungen der zur Geräusch- und Schwingungsisolation notwendigen Gummilager. Auf diesen Grundlagen erfolgt die Betrachtung der Eigenschaften und Besonderheiten der verschiedenen Bauarten anhand ausgewählter Beispiele von Einzelrad-, Starrachs-, Verbund- und Doppelachsaufhängungen für Pkw und Lkw sowie der speziellen Radführungen der Motorräder.

**VERLAG
TÜV RHEINLAND
KÖLN**
Am Grauen Stein
5000 Köln 91
Fernruf 02 21/83 93-0

Rechnerische Analyse von Nutzfahrzeugtragwerken

Von H.J. Beermann
1986, 16 × 24 cm, 168 Seiten, geb., DM 138,–
(= Fahrzeugtechnische Schriftenreihe,
Hrsg.: Prof. Dr. Ing. M. Mitschke, Prof. Dr. Ing. F. Frederich)

Nutzfahrzeugtragwerke sind im wesentlichen Stabsysteme. Für ihr Kraft-Verformungsverhalten wie auch für die Beanspruchungen sind nicht nur die Stäbe, sondern auch deren Verbindungen wichtig. Dies gilt insbesondere für Rahmen mit den im Vergleich zu den Querschnittsabmessungen kurzen Querträgern und Längsträgerabschnitten und u.U. ausgedehnten Knoten. Deshalb werden hier neben den Stäben die Knoten zunächst hinsichtlich der Verträglichkeit der Verformungen an den Enden der verbundenen Stäbe, dann hinsichtlich der Knotenverformungen und der Spannungen behandelt. Dies mag über die Anwendung in Nutzfahrzeugstrukturen hinaus von Interesse sein.

Bei Stäben mit offenen Querschnittsprofilen ist die Wölbkrafttorsion sehr wesentlich, wofür die Grundlagen anwendungsorientiert dargestellt werden ebenso wie für Träger mit geschlossenem Querschnittsprofil. Statisch exaktes Einbeziehen der Wölbkrafttorsion in die Berechnung erweitert die Schnittkräfte um das Bimoment.

Es erschien vorteilhafter, von der üblichen Reihenfolge abweichend zunächst die Berechnungsverfahren für die globale Analyse darzustellen, und danach die Strukturelemente zu behandeln. Nach der für nichtselbsttragende Nutzfahrzeugkonstruktionen wichtigen Kopplung von Rahmen und angeschlossenen Teilen folgen schließlich unterschiedlich aufwendige Berechnungsmöglichkeiten für Rahmen und Bustragwerke. Gegenüber gebräuchlichen Programmsystemen werden mit geringerem Berechnungsaufwand und guter experimenteller Verifizierbarkeit die Tragmechanismen besser übersehbar.